L'AFRIQUE
DU NORD
MAROC
ALGÉRIE
TUNISIE
A. GUEYZE
…AIRIE
FERRAN JEUNE – MARSEILLE

GÉOGRAPHIE ÉLÉMENTAIRE

DE

L'AFRIQUE DU NORD

(MAROC, ALGÉRIE, TUNISIE)

MACON, PROTAT FRÈRES, IMPRIMEURS.

GÉOGRAPHIE ÉLÉMENTAIRE

DE

L'AFRIQUE DU NORD

(MAROC, ALGÉRIE, TUNISIE)

PAR

A. GLEYZE

DIRECTEUR DE L'ÉCOLE NORMALE DES BOUCHES-DU-RHONE

86 gravures ou cartes dont 3 hors-texte en couleurs.

Premier prix au concours ouvert
par la Société de Géographie de Marseille.

MARSEILLE
LIBRAIRIE FERRAN JEUNE
42, RUE LONGUE-DES-CAPUCINS, 42

1913

PRÉFACE

Il y a quelque temps un bon Français qui visitait le Maroc apprit dans une école où sa curiosité attentive l'avait conduit qu'il n'existait pas de *Géographie élémentaire de l'Afrique du Nord* à l'usage des écoliers. Rentré en France, il mit à la disposition de la Société de géographie de Marseille une somme importante destinée à doter un concours pour la rédaction de ce livre.

Aux termes du programme, les auteurs devaient *mettre en lumière l'unité géographique et ethnographique de la Berbérie, ainsi que les bienfaits de l'occupation française.*

Le présent ouvrage a obtenu le 1er prix, et c'est sous les auspices de la Société de géographie qu'il paraît. On y trouvera non seulement la substance de nombreuses publications spéciales, mais encore la description de choses vues et l'expression sincère de sentiments éprouvés, l'auteur ayant parcouru une partie du pays qu'il décrit. Il a eu l'intention de faire un livre d'une documentation très sûre mais d'une lecture facile sinon agréable.

Il croit que cette *Géographie élémentaire* peut avoir sa place marquée dans les écoles du Maroc, de l'Algérie et de la Tunisie, dans certaines écoles de la métropole et dans toutes les bibliothèques. Il est indispensable de faire connaître à tous les Français l'œuvre magnifique de civilisation que la France achève dans l'Afrique du Nord, et dont elle peut être légitimement fière.

L'auteur adresse ses remerciements les plus vifs au généreux anonyme, au bon Français — il ne voudrait pas être autrement désigné — auquel est dû ce modeste ouvrage ; à la Société de géographie qui a organisé le concours ; à ceux de ses membres et en particulier à MM. Repelin et Masson qui ont bien voulu revoir le manuscrit ; au Touring-Club de France, à l'Office de l'Algérie, à la Direction de l'agriculture du Gouvernement tunisien qui ont autorisé la reproduction de clichés et de photographies ; en un mot à tous ceux qui, avec la plus parfaite bonne grâce, lui ont prêté leur concours. Il y joint, par anticipation, ceux qui voudront bien s'intéresser à ce livre et signaler les perfectionnements désirables.

GÉOGRAPHIE ÉLÉMENTAIRE

DE

L'AFRIQUE DU NORD

VUE GÉNÉRALE

Le Maroc, l'Algérie et la Tunisie, séparés politiquement, forment une région naturelle appelée l'**AFRIQUE DU NORD**. On la désigne encore quelquefois sous le nom de *Berbérie*, du nom de ses plus anciens habitants, les Berbères ; sous celui de *Maghreb*, mot arabe qui signifie le « couchant », par rapport à la Mecque, centre religieux de l'Islam. Enfin quelques géographes lui donnent le nom d'*Afrique mineure*, parce qu'elle forme une petite Afrique dans la grande.

Ces divers noms, d'origine savante ou d'origine indigène, attestent bien l'unité géographique de ce pays. Cette unité se retrouve dans le sol, le climat, les ressources naturelles et les populations.

SITUATION ET LIMITES.— L'Afrique du Nord est nettement délimitée. Elle se dresse comme une île immense, montagneuse, allongée d'Ouest en Est sur une longueur de plus de 1.800 km. et une largeur moyenne de 400. Sur trois côtés les flots de l'Océan et de la Méditerranée l'entourent. Au Sud, s'étend une autre mer, mer de cailloux et de sable, infinie, brûlante, autrement redoutable et difficile à traverser que la mer liquide : le Sahara.

Dans ces limites naturelles, l'Afrique du Nord a une superficie de **800.000 km.** ^{2} environ, soit à peu près une fois et demie celle de la France.

Isolé du reste de l'Afrique par les farouches étendues sahariennes, le Maghreb se rattache au contraire à l'Europe méditerranéenne.

Il s'en rapproche à ses deux extrémités du Nord-ouest et du Nord-est. Les 20 km. du détroit de Gibraltar le séparent de l'Espagne, et le cap Bon n'est qu'à 140 km. de la Sicile. En de lointaines époques géologiques, il fut uni à l'Europe par un continent qui couvrait en partie l'emplacement actuel de la Méditerranée occidentale et sur lequel les Alpes se prolongeaient jusqu'au Rif et l'Apennin rejoignait l'Atlas. Des effondrements séparèrent plus tard l'Afrique du Nord de l'Europe. Même, depuis lors, les limites maritimes oscillèrent entre l'une et l'autre. Le Rif et la Sierra Nevada qui étaient unis, furent tour à tour africains et européens. La communication entre la Méditerranée et l'Océan se fit d'abord par un détroit au Nord de la Sierra Nevada, puis par un autre détroit entre le Rif et le Moyen Atlas, sur l'emplacement du seuil de Taza d'aujourd'hui. Enfin le Rif et la Sierra Nevada furent séparés quand s'ouvrit le détroit de Gibraltar.

De cette communauté d'origines résulte entre l'Afrique du Nord et l'Europe méditerranéenne des ressemblances frappantes dans la nature du sol, ses aspects et sa flore.

RELIEF. — A l'Ouest, le long de l'Atlantique, du cap Spartel à l'embouchure de l'Oued Draa, en arrière d'une côte basse, s'ouvre une vaste région fermée par de hautes montagnes.

1° Au Nord, le **Rif** se déploie en croissant au bord de la Méditerranée depuis Ceuta jusqu'au cap des Trois Fourches, semblable par sa forme et sa situation à la Sierra Nevada qui lui fait face sur la rive espagnole.

Au Sud du Rif, orientés du S.-O. au N.-E., se dressent parallèles, l'un derrière l'autre, les puissants plissements du

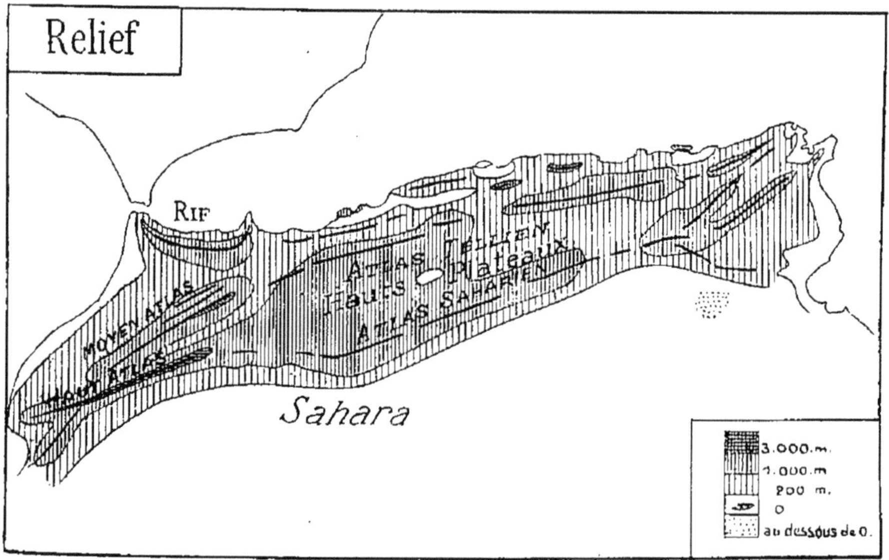

Moyen et du **Haut Atlas**. Quelques-uns de leurs sommets dépassent 4.000 m., presque l'altitude du Mont Blanc. « Les premiers navigateurs, Phéniciens et Grecs, qui des rivages de l'Atlantique en aperçurent les crêtes blanches se perdant dans les nues, les désignèrent comme les monts les plus élevés de la Terre, la colonne des cieux. »

Au Sud du Haut Atlas se détache obliquement vers la côte une chaîne de 200 km. environ appelée l'*Anti-Atlas*.

Le Moyen Atlas est séparé du Rif par un passage d'une importance commerciale et historique de premier ordre, le *seuil de Taza*. Il conduit des plaines du Tell algérien vers les plaines marocaines de l'Atlantique.

2° Le Moyen et le Haut Atlas se prolongent vers le Nord-Est à travers l'Afrique du Nord. Le Moyen Atlas se continue le long de la côte par un bourrelet de montagnes coupé de plaines, désigné sous le nom général d'**Atlas tellien.** Le Haut Atlas s'infléchit vers l'Est jusque vers les monts des Ksours ; puis, sous le nom d'**Atlas saharien**, se continue vers le Nord-Est par des chaînes plus élevées que celles de l'Atlas tellien et coupées de larges brèches.

En Tunisie ces deux Atlas se rejoignent et se confondent dans une région de plateaux et de chaînes.

Depuis le Haut Atlas jusqu'en Tunisie ils encadrent des plateaux d'une altitude de 800 à 1000 m. connus sous le nom de **Hauts Plateaux.**

3° A l'Est, sur les bords des golfes tunisiens, s'étalent d'étroites *plaines littorales* descendant par des pentes insensibles jusqu'à la mer.

4° Au Sud, s'étendent les plateaux désolés, les dunes fauves, l'immense solitude du **Sahara.**

CÔTES. — L'Afrique du Nord a des côtes inhospitalières. Sur l'Atlantique, un littoral bas sans indentations rocheuses, ourlé par l'écume d'un violent ressac, sans un bon port naturel. Sur la Méditerranée, une véritable côte de fer ; ni larges golfes, ni saillies importantes, mais seulement des baies étroites, ouvertes aux vents du Nord et du Nord-Ouest, toutes peu sûres. Presque partout des falaises hautes et escarpées ; de loin en loin une courte plage marécageuse. Sur ce littoral, le lac de Bizerte, vaste et profond, est une exception heureuse et inattendue.

La côte orientale, plate, sans indentations et bordant une mer peu profonde, rappelle par son aspect et son absence d'abris sûrs la côte de l'Atlantique.

CLIMAT. — L'Afrique du Nord est soumise au climat *méditerranéen*, chaud, mais tempéré avec des pluies d'hiver.

Température. — Dans le Tell, les hivers sont doux, les

Office de l'Algérie.

Dans le Sahara. — Un puits à bascule.

étés chauds, le ciel est d'un bleu intense. Sur les Hauts Plateaux le climat prend un caractère continental ; les écarts de température entre les saisons, le jour et la nuit, s'accentuent. Dans le Sahara, ils s'exagèrent. Pendant le jour la chaleur est très forte : 60°, 70°, pour tomber jusqu'à 0° pendant la nuit. Chauffé à une telle température le sable est brûlant et l'on a vu des soldats rester debout, sous les balles de l'ennemi, plutôt que de se coucher sur ce sol de feu.

Du Sud, souffle parfois le sirocco qui a passé sur le désert; mais il vient se heurter contre les escarpements du Haut Atlas et de l'Atlas saharien qui forment comme une barrière; s'il réussit à franchir l'Atlas saharien et à se faire sentir sur les Hauts Plateaux, il trouve plus au nord la deuxième barrière de l'Atlas tellien. Aussi ce n'est que rarement qu'il atteint les bords de la Méditerranée.

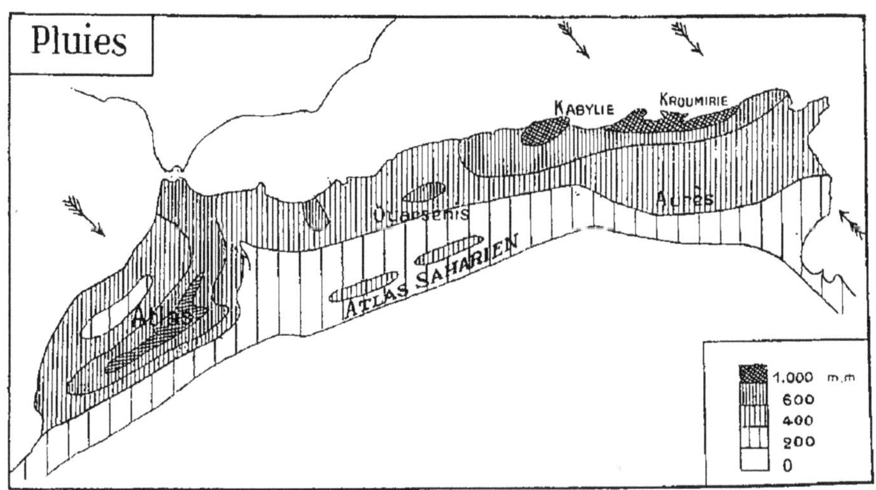

Pluies. — De l'Ouest et du Nord-Ouest arrivent les vents humides et bienfaisants. Les vents d'Ouest qui ont passé sur l'Atlantique amènent d'abondantes nuées et les jettent sur le formidable écran du Moyen et du Haut Atlas. Elles s'y arrêtent, s'y condensent en eau qui ruisselle sur les flancs de ces montagnes, ou en neige qui persiste tard en été et ne fond même jamais complètement aux hautes altitudes. Mais par delà, à l'Est, les pluies sont rares; c'est la sécheresse et l'aridité.

Les vents du Nord-Ouest amènent les nuées sur la côte septentrionale de l'Afrique du Nord. Du détroit de Gibraltar jusque vers Oran, le voisinage de la péninsule ibérique, qui elle aussi forme écran, ne permet que des pluies peu abondantes; le pays est sec. A partir d'Oran les côtes méditerranéennes du Nord et du Sud s'écartant de plus en plus, la quantité de pluie croît régulièrement à mesure qu'on s'avance vers l'Est. Les montagnes qui bordent la côte condensent les nuées et sont bien arrosées. Certaines régions, la Kabylie et la Kroumirie, bien plus arrosées que la plupart des régions françaises, doivent à cette humidité, la fraîcheur et la verdure de leurs belles forêts.

Au Sud, par delà les chaînes du Tell, peu de pluies arrivent sur les Hauts Plateaux. Plus au Sud encore, l'Atlas saharien, dont les cimes dépassent 1.800 m., condense les dernières nuées.

Dans le Sahara la sécheresse est extrême ; les pluies tombent de loin en loin par averses courtes et brutales. Des années entières peuvent passer sans donner une goutte d'eau. L'atmosphère est d'une lumineuse limpidité ; la lumière ruisselle sur un paysage calciné ; les lointains se rapprochent ; la nuit les constellations brillent d'un vif éclat. Le désert mérite bien son nom de *pays de la soif*.

Ainsi *la hauteur des pluies diminue du Nord au Sud* et, au moins en Algérie et en Tunisie, *croît de l'Ouest à l'Est*.

HYDROGRAPHIE. — Cette répartition des pluies explique le régime des cours d'eau.

Sur le versant atlantique, des fleuves longs, assez abondants et relativement réguliers, nourris des eaux du Haut et du Moyen Atlas, tel le Sebou.

Sur le versant méditerranéen, des cours d'eau, qui, en hiver, quand s'abattent les pluies, dévalent à vive allure des montagnes, roulent tumultueusement des flots bourbeux, et au bout de quelques jours sont réduits à un filet d'eau dans un large lit de cailloux : « Nulle part vous ne verrez cette régularité de nos beaux fleuves d'Europe, cette plénitude, cette majestueuse égalité d'allure. En été, cette tranchée énorme au milieu de la plaine, dans le fond de laquelle, en se penchant, on distingue un mince filet d'eau qui se traîne, c'est une rivière : c'est la Seybouse, ou l'Habra, ou le Chélif » (Wahl)[1].

Ces cours d'eau portent le nom d'*oueds*. Ennemis et non auxiliaires de l'homme : ils ont trop d'eau en hiver, ravinent les terres, emportent les berges et s'étalent en marécages dans les plaines littorales ; ils en ont par contre trop peu en été, quand elle serait indispensable pour irriguer les champs desséchés. Les Romains d'abord, les Arabes plus tard, les Français de nos jours, tous les conquérants ont entrepris de domestiquer ces oueds capricieux et dangereux.

Sur les Hauts Plateaux les eaux s'amassent souvent au fond de cuvettes où brillent au soleil les nappes saumâtres des « *chotts* ».

Vers le Sahara, les oueds descendus de l'Atlas sont rapidement absorbés par les sables. Leur circulation est non plus superficielle mais souterraine. Un puits suffit pour les faire jaillir à la lumière et créer une oasis.

RICHESSES NATURELLES. — **Végétation**. — Le long des côtes, dans les plaines, sur les croupes de l'Atlas tellien, du Rif, du Moyen et du Haut Atlas se déploie la *végétation méditerranéenne* : arbres et arbustes aux feuilles persistantes. La brousse inextricable, épineuse, formée de lentisques, de lauriers-roses, de palmiers nains, de jujubiers et de mille plantes odorantes y occupe de vastes espaces. Jusque vers l'altitude de 800 m. l'olivier au tronc noueux met la tache gris cendré de son feuillage. Les pins d'Alep, les thuyas, les chênes-verts, les chênes-lièges dans les lieux humides, les cèdres sur

1. *L'Algérie*.

les cimes élevées complètent les ressources forestières de l'Afrique du Nord.

Les Hauts Plateaux et les régions mal arrosées sont le domaine de la *steppe*. D'innombrables troupeaux de moutons errent sur ces solitudes sous la garde de nomades vivant sous la tente. L'alfa y couvre de larges espaces d'un vert sombre :

Un coin d'oasis. — Des eaux abondantes, une terre fertile, une forêt, de magnifiques palmiers-dattiers.

c'est une graminée vivace dont les feuilles de 0m 40 à 0m 80 de longueur ont les bords roulés et ressemblent à un jonc.

Le Sahara n'a qu'une très pauvre végétation. Sur ses sables ou parmi ses rochers brûlés, se montrent quelques plantes : herbes dures, graminées rampant sur le sol, arbustes à l'écorce épaisse et coriace, aux feuilles transformées en épines afin d'offrir moins de prise à l'évaporation. Mais partout où l'eau jaillit, le palmier croît vigoureux, le pied dans l'eau et la tête dans le feu.

Sous-sol. — Très pauvre en terrain carbonifère, l'Afrique du Nord n'a pas de houille, au moins en Algérie et en Tunisie. Le Maroc, dont l'exploration géologique est inachevée, ne paraît pas être plus favorisé. Par contre, l'Afrique du Nord est riche en *phosphates de chaux* et en minerais de plomb, de zinc, de cuivre et de *fer*.

POPULATIONS. — **Indigènes.** — Une même race d'hommes trapus, musclés, vifs et laborieux, les **Berbères**, a primitivement occupé l'Afrique du Nord, de la Méditerranée au Sahara et des côtes marocaines aux golfes tunisiens.

Au VIIe siècle des envahisseurs arrivèrent de l'Est, **les Arabes**. — « L'Arabe conventionnel est grand, mince, élancé, musculeux ; il offre un mélange remarquable d'élégance et de vigueur ; les extrémités sont fines, les membres allongés, souples et forts ; la figure est d'un ovale un peu tiré avec des traits réguliers : le nez aquilin, l'œil vif, les dents éclatantes ; seul le front étroit et fuyant manque de noblesse. Le grand air, la poussière, le soleil tannent la peau et lui donnent cette belle teinte bronzée qui se marie si bien au dessin énergique du visage » (Wahl). Les Arabes refoulèrent en partie les Berbères dans les régions montagneuses ou difficilement accessibles : gorges impénétrables et hautes terres de l'Atlas marocain, du Rif, de la Kabylie, de la Kroumirie, de l'Aurès et jusque dans le Sahara, sur les arides plateaux du Mzab.

Au nombre d'un million, d'après les historiens musulmans, ils occupèrent le Maghreb en entier en se clairsemant en route. Nombreux en Tunisie, ils sont plus rares au Maroc.

Les deux races n'ont pas vécu isolées et juxtaposées l'une à l'autre ; elles se sont mélangées. Les conquérants ont imposé leur religion, souvent leur langue. Arabes et Berbères sont semblables par les coutumes et les mœurs. Aussi sous cette unité apparente devient-il difficile de distinguer nettement les deux races et de délimiter leur habitat.

Les Indigènes sont agriculteurs sédentaires dans les régions de culture, pasteurs nomades sur la steppe. C'est du milieu,

Office de l'Algérie.

Indigène des villes. — Il porte le costume classique des Indigènes aisés : gilet et veste courte, large ceinture, culotte bouffante, burnous, et sur la tête le haïk.

du sol, du climat que dépend leur genre de vie. On admet que les sédentaires sont généralement des Berbères et les nomades des Arabes.

Les *sédentaires* sont des cultivateurs opiniâtres fortement attachés à la terre sur laquelle ils ont bâti leur maison et pour laquelle ils ont l'amour du vrai paysan. Ils sont rudes, très sobres et très économes. Comme les montagnards, ils émigrent au moins pour une saison, s'embauchent en qualité d'ouvriers ou encore se font colporteurs ou petits commerçants. D'autres sédentaires, plutôt arabes, vivent groupés en

Office de l'Algérie.

Un campement de nomades. — Sur les Hauts Plateaux les tentes sont dressées assez écartées les unes des autres. Devant la première, un chameau accroupi, un cheval, des Arabes.

douars, sous la tente en été et sous de misérables gourbis en hiver.

Le *nomade* se déplace à la recherche des pâturages, du Nord vers le Sud et du Sud vers le Nord, suivant les saisons, poussant ses troupeaux de moutons. « Sa demeure, c'est la « tente en poils de chameau, basse et large. A l'intérieur, « des pierres pour le foyer, des paniers pour les provisions, « une ou deux outres en peau de bouc pour l'eau ; quelques

« marmites et quelques plats, des nattes ou, chez les riches, « des tapis. Pour nourriture habituelle, le couscous, du lait, « du miel, des dattes, quelquefois mais rarement, à l'occa- « sion d'une diffa, un mouton entier, rôti à la broche » (Wahl).

Dans les villes de la côte habitent les **Maures** issus du croisement de toutes les races qui s'y sont coudoyées et confondues. Grands, bien faits quand l'embonpoint ne les alourdit pas, le teint blanc ou brun clair, les yeux et les cheveux noirs, les traits réguliers, ils ne reproduisent ni le type berbère, ni le type arabe. Ils aiment les professions qui n'exigent qu'un petit effort : interprètes, fonctionnaires, courtiers et de préférence petits boutiquiers. « Gravement assis, fumant leur pipe ils attendent patiemment le client sans rien faire pour l'attirer. »

On trouve enfin dans les villes de la côte et dans les oasis du Sud des *Nègres* amenés du Soudan ou descendant d'esclaves soudanais, résidu de la traite ; ils résistent bien aux températures d'étuve. Robustes, dociles, grands enfants, ils exercent les professions manuelles qui exigent peu d'intelligence et une grande force musculaire.

Berbères, Arabes, Maures et Nègres sont musulmans et reconnaissent pour chef religieux le Sultan du Maroc. Mais ce monde islamique est loin d'être fortement uni. Des coteries se forment partout jusque dans les moindres villages, brisant la force de l'Islam.

Les **Israélites** sont nombreux et se trouvent à peu près exclusivement dans les villes. Beaucoup étaient établis dans le pays avant l'invasion arabe. Au XIVe et au XVe siècles, ils s'accrurent de leurs coreligionnaires chassés d'Espagne par les persécutions. Ils vivaient dans l'Afrique du Nord détestés et soumis à des humiliations sans nombre. Souples, intelligents, adroits, ils se soumettent à toutes les dominations, s'adonnent particulièrement au commerce ou aux opérations de banque et arrivent à la fortune. Leur situation encore précaire au Maroc, s'est relevée et transformée en Tunisie où ils jouissent d'une liberté absolue et en Algérie où ils sont citoyens français investis des droits civils et politiques.

Européens. — A côté des Indigènes se sont établis des **Européens**, principalement dans la deuxième moitié du XIXe siècle : les conquérants d'abord, des Français ; puis leurs frères latins, Italiens et Espagnols, tous riverains de la Méditerranée occidentale. Les uns et les autres ont retrouvé dans l'Afrique du Nord les horizons de leur terre natale, ses animaux domestiques, ses plantes, ses cultures, et dans cette nouvelle patrie, si semblable à celle de leurs pères, ils ont fait magnifiquement souche. Ainsi se marque encore une fois le caractère méditerranéen du Maghreb.

Au total **13.500.000** habitants environ peuplent ce pays. La population est dense dans les régions de culture, Maroc atlantique, Tell, plaines littorales tunisiennes, et très clairsemée sur les steppes, terres de vie pastorale et de nomadisme.

Les Européens entrent dans ce total pour près d'*un million*. Ils sont relativement nombreux en Algérie et en Tunisie, qui l'une depuis trois quarts de siècle, l'autre depuis 30 ans sont pacifiées et ouvertes à la colonisation. Au Maroc, ils sont encore en petit nombre.

L'AFRIQUE DU NORD FRANÇAISE. — L'unité physique que la nature a donnée au Maghreb, appelle l'unité politique. Les Romains, pendant cinq siècles, avaient réuni sous leur domination tous les peuples de l'Afrique du Nord. Depuis Sousse jusqu'à Volubilis, près de Fez, en passant par Timgad, sur les hauts plateaux constantinois, ils avaient élevé des cités dont les ruines grandioses attestent la puissance. Quand l'empire sombra, d'autres conquérants essayèrent, sans y réussir, de refaire cette unité politique.

C'est à la France qu'était réservé cet honneur. En 1830, elle occupe Alger; en 1881, la Tunisie ; en 1911, ses troupes entrent à Fez.

Elle a repris et elle vient d'achever l'œuvre qu'avait fondée la puissance romaine. Elle a créé l'*Afrique du Nord française.*

Division de l'étude. — Une dans son ensemble, l'Afrique du Nord présente des différences de détails assez marquées dans le *Maroc*, l'*Algérie*, la *Tunisie*. Nous étudierons successivement chacun de ces pays.

MAROC

SITUATION ET LIMITES. — Le Maroc occupe l'angle nord-ouest de l'Afrique du Nord. Il n'est limité nettement que sur son front maritime par l'Atlantique et la Méditerranée. Ses limites terrestres sont imprécises. A l'est, la frontière, fixée par le traité de 1845, part de l'embouchure de l'oued Kiss et n'est tracée avec précision que sur une longueur de 120 kilomètres. Sur les Hauts Plateaux et jusqu'aux abords de l'oasis marocaine de Figuig, on s'est borné à répartir les tribus entre le Maroc et l'Algérie : partage territorial vague, en raison de la mobilité de ces tribus nomades en perpétuel déplacement. La véritable frontière physique et historique serait la Mouloüïa. — Au Sud, où nulle limite non plus n'est tracée, on peut admettre que le Maroc ne dépasse pas une ligne allant de Figuig à l'embouchure de l'oued Draa.

Dans ces limites, sa superficie est évaluée approximativement à *500.000 kilomètres carrés.*

Exploration. — Jusqu'à ces dernières années, le Maroc était mal connu. Dans ce pays, farouchement fermé aux Européens, les explorateurs n'avaient pu pénétrer qu'au péril de leur vie. *De Foucault* le parcourait déguisé en juif marocain et soumis à toutes les humiliations réservées à cette race. M. *de Segonzac* voyageait sous le déguisement d'un muletier musulman ou dissimulé dans l'escorte d'un chérif. M. *Gentil*, transformé en mendiant, s'en allait par les rudes sentiers de l'Atlas portant sur son dos dans un panier sa collection de roches et de fossiles. Bien d'autres encore, comme de Flotte et Brives, pour n'en citer que quelques-uns, s'y sont vaillamment risqués :

« Si l'on fait le bilan des connaissances acquises sur le Maroc, on est frappé d'y voir l'énorme part d'efforts apportés par les explorateurs français. »

GÉOGRAPHIE PHYSIQUE

Relief.

Nous pouvons distinguer dans le Maroc :

1° Une région montagneuse : le **Rif** et l'**Atlas** ;

2° Une région de plateaux et de plaines adossée à ces montagnes et inclinée vers l'Océan : le **Maroc atlantique** ;

3° Au delà de l'Atlas, sur la rive droite de la Moulouïa, les **confins algéro-marocains**, fragments du Tell et des Hauts Plateaux ;

4° Enfin, au sud, le **Sahara**.

I. LA RÉGION MONTAGNEUSE. — Le Rif. — De la pointe de Ceuta au cap des Trois-Fourches, le long de la Méditerranée, rude et sauvage, se dresse le **Rif**. Il tombe sur la mer par des pentes raides, coupées de ravins où dévalent des torrents. Au sud, il s'étale en ondulations plus longues, à pente plus douce, jusqu'aux plaines du Sebou et au seuil de Taza. Il paraît formé de chaînes parallèles, courbées en arcs de cercles à grands rayons dont la concavité serait tournée vers la Méditerranée. Le point le plus élevé atteint 2.500 m. Ces âpres montagnes enferment des vallées étroites parcourues par les affluents du Sebou et qui sont des parties cultivées et relativement riches du Rif.

A l'est du cap des Trois-Fourches, à l'abri duquel est bâtie Melilla, s'étend la plaine de *Selouen*. Le petit massif des *Kebdanas*, avec des sommets de 600 m., la sépare de l'embouchure de la Moulouïa.

Entre le Rif et le Moyen Atlas s'ouvre le *seuil de Taza*, d'une altitude maxima de 600 m., commandé par la petite ville de ce nom debout sur une crête « comme un phare au bout d'une jetée ». L'Oued Innaouen en descend à l'ouest vers Fez et le Sebou. Cette voie naturelle se continue vers l'Algérie par la haute plaine de *Tafrata* et par celle des *Angad*. C'est la

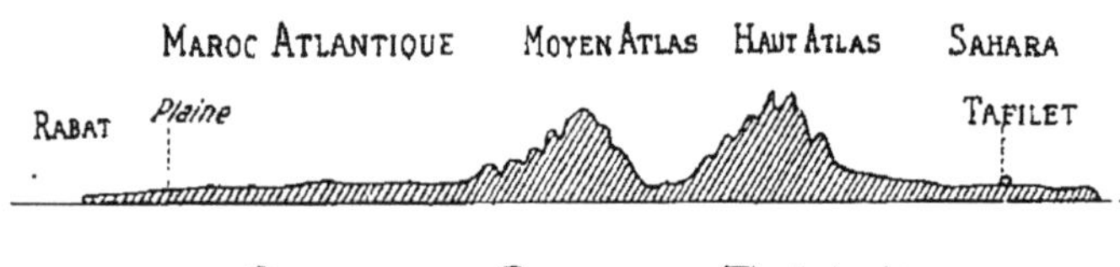

Coupe de Rabat au Tafilelt

grande et la seule voie de communication par terre entre notre colonie et les plaines du Maroc atlantique. Par elle arrivèrent les conquérants romains et arabes. C'est par elle que doit passer notre civilisation.

L'Atlas. — Le **Moyen Atlas** commence à 100 km. au nord-est de Marrakech et va s'élargissant vers le nord-est où son arête principale est accompagnée de plusieurs arêtes parallèles entre lesquelles coulent des torrents affluents du Sebou ou de la Moulouïa. Il finit vers Debdou par le djebel *Moussa* qui profile sur le bleu du ciel sa masse neigeuse haute de 4.000 m. Il est séparé du Haut Atlas par une étroite et longue vallée où coulent en sens inverse la Moulouïa et l'oued el Abid, affluent de l'Oum-er-Rebia, et qui mène des hauts plateaux vers la partie méridionale du Maroc atlantique.

Le **Haut Atlas** commence au cap Rhir par des plateaux et atteint vite de très hautes altitudes. Il se présente alors sous l'aspect d'une formidable muraille ébréchée, longue de 1.000 km., sur laquelle le *Tamjoutt*, le *Likoumt*, et plus

Photo Illustration.

Dans le Haut Atlas. — Une caravane est arrêtée dans la montagne. Elle comprend des Marocains et de petites mules nerveuses qui seules peuvent circuler sur les sentiers raboteux de l'Atlas. Au fond, la haute barrière de la montagne (3 à 4.000 m.) toute blanche de neige.

loin l'*Ari Atach* portent à 4.000 et 4.500 m. leurs sommets imposants couverts même en été de plaques de neige.

Au sud, l'Atlas tombe par des pentes rocailleuses et arides sur la plaine du Sous ou le Sahara. Au nord, il s'abaisse par des escarpements moins raides, humides et verdoyants. Des cols entaillent la chaîne, les uns obstrués par les neiges une partie de l'année, les autres franchissables en toute saison. On n'y arrive en général que par d'étroits sentiers escarpés, inaccessibles aux chameaux et que seules peuvent gravir de petites mules. Tel est le col des *Bibaoun* qui donne accès dans le Sous ; le col de *Telouet* ou du *Glaoui* « grande route des caravanes du Sahara occidental », et le col de *Telrount* qui ouvre vers le Tafilelt un passage qu'utilise la piste venue de Fez.

A 200 km. environ de l'Atlantique, l'**Anti-Atlas** se noue au Haut Atlas par le *djebel Siroua*, énorme massif volcanique, chaos de cendres et de laves qui par son aspect, sa forme et son étendue sinon par son altitude (3.300 m.) rappelle étonnamment le Cantal. L'Anti-Atlas forme un plateau encore bien mystérieux de 2.000 m. d'altitude moyenne. Orienté vers le sud-ouest, il s'abaisse vers l'Océan et va s'épanouir sur la côte. L'oued Draa descendu du flanc oriental du Siroua décrit autour de lui au sud un vaste arc de cercle.

II. LE MAROC ATLANTIQUE. — Entre le Rif, le Moyen Atlas et les hauteurs du *Djebilet* qui accidentent la rive droite de l'oued Tensift, le pays s'incline vers l'Atlantique. Ce sont des plateaux mamelonnés, coupés de vallées profondes et semblables au plateau du Limousin ou à celui de l'Ardenne.

Vers l'ouest ils tombent sur une **plaine littorale**. Large de 50 à 100 km., séparée de l'Océan par des alignements de dunes fauves, elle s'allonge depuis Tanger jusqu'à Safi et déroule à perte de vue ses prairies et ses cultures. Les terres grasses qui la forment sont souvent d'une merveilleuse fertilité. Elle porte successivement les noms de *Gharb*, au nord de

Photo Gleyze.

Région accidentée. — A l'est, la longue plaine littorale du Maroc atlantique s'arrête au pied d'une région accidentée formée de hautes collines que séparent des vallées. Cette région annonce les plateaux et les grandes chaînes de l'Atlas qui se dressent plus à l'est.

Rabat ; puis de plaine des *Chaouïa*, des *Doukkala*, des *Abdas*, De Rabat à l'oued Tensift, elle est constituée en grande partie par des terres noires, compactes, riches en humus, douées d'une superbe fécondité et éminemment propres à la culture des céréales. Ce sont les célèbres « *tirs* ».

Photo Gleyze.

Dans la plaine de la Chaouïa. — Une vaste plaine aux horizons monotones et tranquilles, si plate et si unie que les voitures d'une caravane d'Européens y circulent sans difficultés.

Entre les collines du *Djebilet* et les escarpements de l'aile occidentale du Haut Atlas s'étend la *plaine du Haouz* parcourue par l'oued Tensift et ses affluents. On y trouve de petites plaines interrompues par des collines et de petits plateaux.

Enfin entre le Haut Atlas et l'Anti-Atlas se creuse l'étroite et chaude *plaine du Sous*.

III. LES CONFINS ALGÉRO-MAROCAINS. — La région des confins algéro-marocains comprend les territoires entre la Moulouïa et l'Algérie d'une part, la Méditerranée et le Sahara d'autre part.

Au Nord le pays continue le Tell oranais. Entre la Moulouïa et l'oued Kiss, la bande bleue de la mer et le haut massif des *Beni-Snassen* (1.500 m.), se déroule la plaine d'alluvions des *Triffas* déjà entamée par la colonisation algérienne. Entre le massif des Beni-Snassen et les monts qui forment le rebord des Hauts Plateaux s'étend la plaine des *Angad* où se trouve bâtie Oudjda, continuée vers l'ouest jusque sur les bords de la Moulouïa par la plaine de *Tafrata*, le plus souvent unie comme une glace.

Au Sud, des plateaux appelés *gada* (gada de Debdou) déroulent leurs immensités sèches, trouées de chotts (Chott Rarbi) jusqu'à l'aile orientale du Haut Atlas et aux *monts des Ksour*. Aux steppes d'alfa et de jujubiers épineux succèdent insensiblement les sables des dunes et les étendues caillouteuses.

IV. Le Sahara. — Au pied de ces monts et de l'Anti-Atlas commence le **Sahara**, vaste surface dont la monotone aridité est interrompue par des lignes de collines étroites s'étendant sur des centaines de kilomètres, comme celle du *djebel Bani* et par les oasis de l'oued *Draa*, du *Tafilelt*, du *Haut-Guir* et de *Figuig*.

Côtes.

Le contraste est complet entre les côtes marocaines de la Méditerranée et celles de l'Atlantique, bordées les unes de hautes montagnes, les autres de larges plaines.

1° **Méditerranée.** — De l'oued Kiss au cap des *Trois-Fourches* s'étend une côte basse bordée par les plaines des Triffas et de Selouen, interrompue sur la rive gauche de la

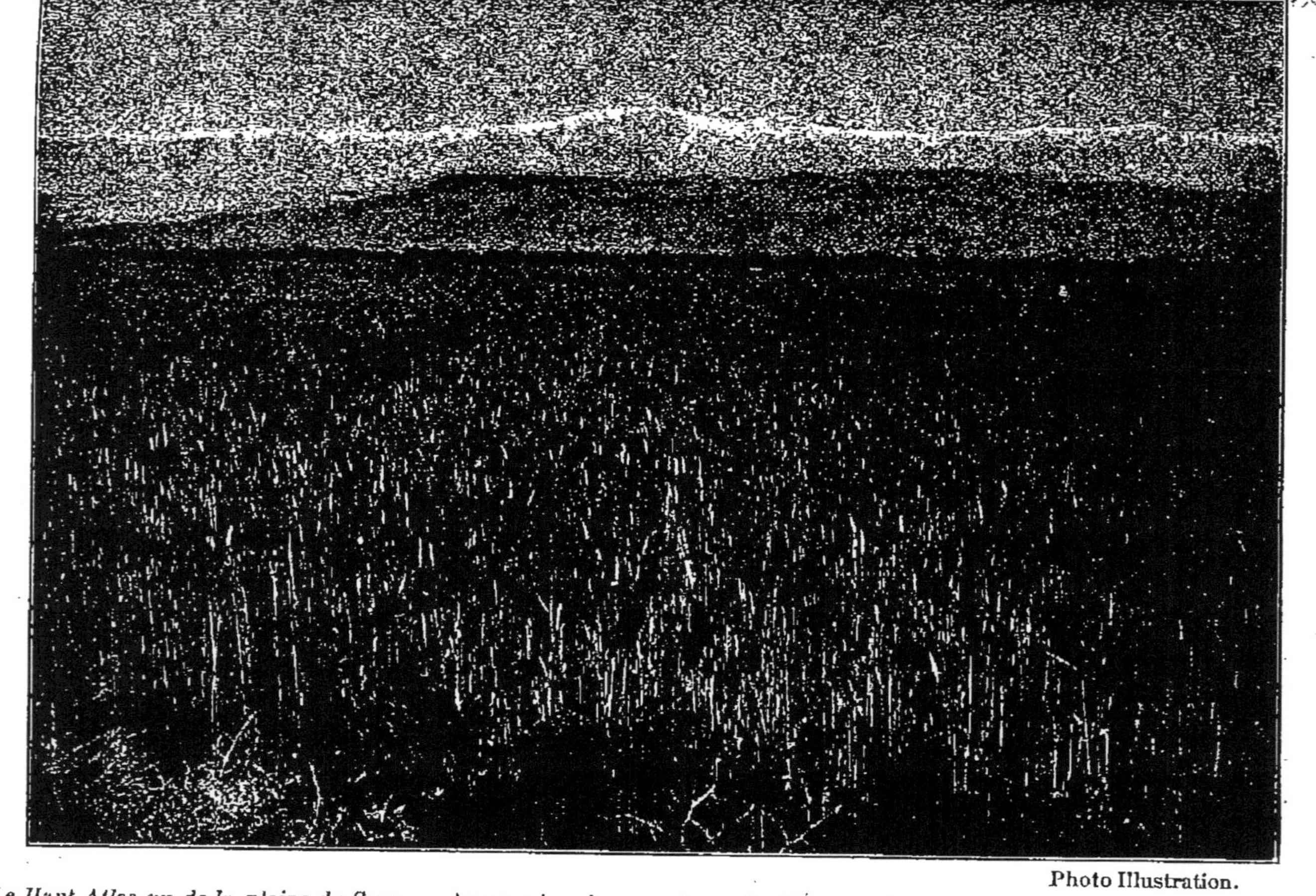

Photo Illustration.

Le Haut Atlas vu de la plaine du Sous. — Au premier plan, un champ de blé se prolonge jusqu'au pied des montagnes. La longue chaîne du Haut Atlas se dresse vigoureusement, frangée de neige. Au delà se trouve le Haouz, la vallée du Tensift et Marrakech.

Moulouïa par le massif des Kebdanas qui projette les rochers du *cap de l'Eau* et se prolonge par les îlots des *Zaffarines*. La plaine de Selouen a une lagune assez profonde séparée de la mer par une étroite bande de sable.

Du cap des Trois Fourches à la pointe de *Ceuta* se développe l'âpre côte du Rif, avec ses îlots arides, ses falaises escarpées et broussailleuses, coupées de loin en loin par de minuscules plages ou le lit d'un torrent. Jusqu'à nos jours, les instructions nautiques prescrivaient aux navires de se tenir au large de cette côte inhospitalière. Longtemps dans ses anses, à l'abri des écueils, se sont balancées les felouques des riverains pilleurs d'épaves. De ce côté, le Maroc paraît impénétrable. Sur les rocs brûlés, hérissés de vieilles fortifications qu'ils occupent depuis des siècles, les Espagnols se sont maintenus à grand'peine et, malgré de lourds sacrifices en hommes et en argent, n'ont jamais pu pénétrer à l'intérieur.

Deux masses abruptes et imposantes, l'une sur la rive africaine, l'autre sur la rive espagnole, paraissent garder l'entrée du *détroit de Gibraltar*. Sur ce détroit la baie de *Tanger*, abritée contre les bourrasques de l'ouest, forme un bon port.

2° **Atlantique**. — Au cap *Spartel*, la côte tourne à angle droit vers le Sud et change complètement d'aspect. Les plaines qui la bordent finissent par une côte rectiligne et morne, déroulant à perte de vue ses dunes, ses marécages et ses plages sur lesquelles déferle la houle. De loin en loin, quelques falaises, une embouchure de fleuve obstruée par des bancs de sable rompent cette désolante uniformité. Aucun abri naturel sur ce rivage battu des vents. Les ports sont incommodes et d'accès difficile. Par les temps mauvais, les navires se tiennent au large et restent des semaines sans pouvoir communiquer avec la terre pour embarquer ou débarquer les marchandises. A Mogador seulement, à 600 km. de Tanger, il est possible de débarquer par tous les temps.

Entre le cap *Rhir* et le Sous, l'extrémité du Haut Atlas fait une côte rocheuse et escarpée.

Climat.

Considéré dans son ensemble, le Maroc atlantique a le *climat méditerranéen adouci par des pluies fréquentes*. Le gigantesque écran que forme l'Atlas, d'une part arrête et condense les nuées venues de l'Océan, d'autre part arrête les vents brûlants et desséchants du Sahara. Le contraste est marqué entre ses deux versants. Au Sud on trouve une atmosphère toute différente de celle du versant nord : la température y est plus élevée, le sirocco y souffle plus fréquemment, les pluies y sont rares et le pays a un aspect desséché. Au Nord, au contraire, et dans tout le Maroc atlantique, les nuées amenées par les vents océaniques flottent en brumes, se résolvent en pluies ou en neige sur les hautes terres. Les eaux ruissellent sur les flancs des montagnes, descendent en cascades, irriguent les plaines et forment les fleuves qui vont à l'Atlantique. Le pays donne une impression de fraîcheur inconnue dans presque toute l'étendue de l'Algérie et de la Tunisie. « Au printemps il se couvre d'un tapis de verdure égayé de mille fleurs jaunes et de grands iris bleus. » On a pu définir le Maroc « *une Algérie où il pleut* ».

Des différences assez marquées existent toutefois entre la région côtière et l'intérieur du Maroc atlantique.

Région côtière. — La côte a un climat relativement frais. Elle doit cette fraîcheur à un courant marin large d'une dizaine de kilomètres qui la longe et dont la température est inférieure de quelques degrés à la température des eaux du large. Cette température varie peu suivant les saisons. L'atmosphère est chargée d'humidité ; les brumes et les brouillards sont fréquents, les rosées abondantes. « On est surpris le matin en sortant de la tente de voir la terre mouillée tout autour. » Les pluies tombent surtout en hiver; leur hauteur va en décroissant du Nord vers le Sud (800 mm. à Tanger, 400 à Mogador).

Intérieur. — L'intérieur du pays subit de moins en moins les influences marines à mesure que l'on s'avance vers l'est. Les hivers sont plus froids, les étés plus chauds. L'humidité diminue; les brumes et les rosées sont rares. Le pays prend un aspect desséché. Il ne présente parfois que de maigres pâturages qui ne verdissent même pas en hiver.

Dans la région montagneuse le climat devient rigoureux; la température s'abaisse fréquemment au-dessous de zéro; des rafales de neige passent sur les monts et pendant la plus grande partie de l'année les cimes restent blanches. Les pluies sont abondantes. Au printemps et en été la fonte des neiges alimente des rivières et des ruisseaux bruyants.

Dans les confins algéro-marocains, les températures et les pluies se répartissent comme en Algérie successivement dans le Tell, les Hauts Plateaux et le Sahara.

Hydrographie.

En raison de l'abondance relative de ses pluies, de la grande altitude de ses montagnes et de l'étendue de ses plaines, le Maroc a les cours d'eaux les plus réguliers et les plus longs de l'Afrique du Nord.

Ce sont de *véritables fleuves*. Le Maroc est un pays où les oueds coulent en toute saison. Il est à ce point de vue plus favorisé que l'Algérie et la Tunisie.

Versant de l'Atlantique. — Dans l'Atlantique débouchent des fleuves nourris par le Rif et l'Atlas. Les plus abondants et les plus réguliers sont au nord où il pleut davantage. Vers le sud, les oueds deviennent de plus en plus pauvres et irréguliers. Aux confins du Sahara ils ne coulent que par intermittence.

L'*oued Lekkos* (100 km.), formé sur les pentes humides des Djebalas, va finir dans la baie de Larache.

Le **Sebou**, long de 500 km., descend du Moyen Atlas. Il décrit une vaste courbe vers le nord, laisse Fez à quelques kilomètres, puis entre dans la plaine du Gharb. Large de 300 mètres, profond d'un mètre en moyenne, il roule lentement ses eaux bourbeuses en dessinant de nombreuses sinuosités et reçoit l'*oued Beth*, aux eaux rapides et claires, venu du Moyen Atlas. Dans son cours inférieur il longe la côte dont le séparent des dunes et finit à Mehdiya. Il a des crues de 5 à 6 mètres. En temps ordinaire, il peut être remonté par des chalands à faible tirant d'eau jusqu'aux approches de Fez.

L'**oued bou-Regreg** (250 km.) vient aussi du Moyen Atlas et se jette dans l'Atlantique entre les deux villes de Rabat et de Salé.

L'**Oum-er-Rebia** (500 km.), issu du Moyen Atlas, encaissé et rapide, est un des fleuves les plus importants du Maroc. Il finit à Azemmour. Son principal affluent est l'*oued el Abid*.

L'oued **Tensift** (250 km.), moins bien alimenté par des pluies moins abondantes, sillonne la plaine du Haouz et arrose dans son cours supérieur les jardins et les palmeraies de Marrakech.

Entre le Haut Atlas et l'Anti-Atlas coule le *Sous* (200 km.). Extrêmement irrégulier, il est tour à tour filet d'eau ou large torrent.

L'oued *Draa* est formé par la réunion de deux oueds descendus l'un du Siroua, l'autre du Haut Atlas. Il se jette dans l'Atlantique près du cap Noun. La plus grande partie de ses eaux s'évapore dans le Sahara.

Versant de la Méditerranée. — Dans la Méditerranée se

jette la **Moulouïa** (480 km.). Elle naît entre le Moyen et le Haut Atlas, au cœur des montagnes, à la jonction des deux

Photo Gleyze.

Un oued dans la plaine de la Chaouïa. — Des eaux calmes presque dormantes dans la plaine infinie sans un arbre. Un troupeau de ces bœufs si nombreux dans le Maroc Atlantique vient boire.

chaînes. Bien alimentée par les pluies et les neiges de ces altitudes, elle traverse les régions sèches des Hauts Plateaux et va finir dans la Méditerranée par une embouchure large de plus de 100 m. Son débit au printemps est la moitié de celui du Rhône. Elle est navigable jusqu'à 50 km. de son embouchure.

Enfin des oueds sans issue descendus du Haut Atlas et des monts des Ksour vont finir dans le Sahara.

Richesses naturelles.

Végétation. — Les ressources naturelles végétales du Maroc sont nombreuses et variées.

Dans le Maroc atlantique les plaines sont riches en *prairies naturelles.* « Les lointains sont absolument jaunes de fleurs, puis viennent des régions toutes blanches, des kilomètres de camomilles, de menthes. » Sur les plateaux, le pays, qui tourne à la steppe, convient aussi à l'élevage.

Les *cèdres* occupent les hautes montagnes, le Haut Atlas et surtout le Moyen Atlas. « On en voit qui mesurent de 6 à 8 m. de circonférence à la base et qui atteignent 20 m. de hauteur. Leur cime dépasse le niveau de la forêt; la foudre les frappe souvent. » Ils sont très recherchés par les Indigènes à cause de leur odeur agréable et de la facilité avec laquelle ils peuvent être travaillés. Malheureusement les forêts sont dévastées ; les bergers brûlent un arbre pour cueillir un rayon de miel déposé par les abeilles dans les fissures de l'écorce.

Les *chênes-lièges* sont très répandus dans le massif des Beni-Snassen, dans l'Atlas et surtout dans le Maroc atlantique où ils forment des forêts étendues. La plus célèbre est la forêt de Mamora au nord-est de Rabat. Les Indigènes saccagent ces forêts, incendient de vastes espaces pour créer des pâturages, décortiquent les arbres pour enlever le tanin. Aussi la forêt est en général clairsemée et coupée de vastes clairières.

Photo Illustration.

Taroudant. — La ville principale du Sous cache ses maisons en terrasse au milieu d'une riche végétation : cactus, palmiers, amandiers et arganiers.

Cultivé ou à l'état sauvage, l'*olivier* croît un peu partout dans les sols secs depuis le Gharb jusqu'au Sous. La plaine du Haouz paraît être son pays de prédilection.

L'*arganier* qui, par son port, ses feuilles et ses fruits le rappelle beaucoup, croît spontanément dans le Maroc du Sud et en particulier dans le Sous.

Les *thuyas* sont abondants. Le thuya à gomme sandaraque très répandu dans le sud-ouest est précieux pour les Indigènes. Ceux-ci pratiquent des incisions sur son tronc pour recueillir la gomme. Cette gomme est vendue de 1 fr. 50 à 1 fr. 60 le kilogramme. Elle sert à la fabrication de la cire à cacheter et de certains vernis.

Les *palmiers* apparaissent dans le Haouz, mais les fruits ne mûrissent que plus au sud dans les oasis du Draa et du Tafilelt.

L'Atlas est couvert d'admirables vergers où fleurissent toutes les fleurs et mûrissent tous les fruits d'Europe.

Les Hauts Plateaux nourrissent sur leurs steppes d'innombrables troupeaux de *moutons*.

Les côtes sont très poissonneuses et attirent les pêcheurs français et espagnols.

Sous-sol. — Enfin le Maroc paraît posséder d'importantes richesses minières : peu de houille peut-être, mais, par contre, du fer et du cuivre dans les Beni-Snassen, le Rif, le Sous et le Haut Atlas. Le sous-sol est encore mal connu, l'exploration géologique détaillée du pays étant à peine commencée.

GÉOGRAPHIE HUMAINE

Population.

La population du Maroc est évaluée, approximativement, à 6 *millions* d'habitants. Sa densité serait de 12 environ au kilomètre carré, soit deux fois moins qu'en Algérie. Le pays, plus riche, peut donc nourrir une population autrement nombreuse.

Dans le Sahara et les Hauts Plateaux d'immenses étendues sont inhabitées, ou ne sont parcourues que par des nomades très clairsemés. Les régions montagneuses élevées sont, elles aussi, à peu près désertes. La population est surtout concentrée sur les plateaux et dans les plaines de l'Atlantique où la fertilité du sol et l'Océan les attirent et les fixent. C'est là que se trouvent toutes les villes de quelque importance.

Dans son immense majorité la population marocaine est *rurale*. Ce caractère est encore plus marqué ici qu'en Algérie ou en Tunisie. 92 °/₀ des habitants vivent dans les campagnes.

Éléments.

Elle comprend à peu près exclusivement des Indigènes.

Indigènes. — En face d'une masse de 6 millions de Berbères, d'Arabes et de Maures, dans laquelle on peut compter 200.000 Israélites, on ne trouve que 50.000 Européens de population civile, soit un Européen pour 150 Indigènes. En Algérie la proportion est presque 30 fois plus forte.

Les trois quarts des Indigènes sont des *Berbères*. Cultivateurs et pasteurs, ils vivent loin des villes, de préférence sur les plateaux et dans les districts montagneux où les refoula la conquête.

Les *Arabes*, au nombre d'un million peut-être, arrivés jadis en envahisseurs, se sont établis dans les plaines de l'Atlantique où leur race s'est fortement mêlée de sang berbère. Le type arabe pur ne se retrouve plus que parmi les nomades des Hauts Plateaux et dans les oasis du Tafilelt.

La population des villes est formée surtout de *Maures*, fonctionnaires ou commerçants, et d'*Israélites* indigènes par-

Tanger : le grand Socco. — Le grand Socco est le grand marché. Une foule nombreuse y circule. Les Européens y coudoient les Indigènes. Le contraste entre les deux civilisations est encore visible dans les habitations,

qués dans les « mellahs ». Ils s'adonnent au commerce, s'enrichissent assez vite et font de louables efforts pour améliorer leur condition sociale.

Enfin des *Nègres* et des métis de Nègres sont assez nombreux, surtout dans le Sous.

Européens. — Jusqu'à ces dernières années les rares *Européens* fixés au Maroc étaient des commerçants installés dans les ports ouverts, si l'on ne compte pas les soldats et les forçats perdus sur les rocs arides des misérables présides espagnols. Mais depuis quelques années le pays s'ouvre aux étrangers. Les Français sont dans tous les ports, principalement nombreux à Casablanca, à Tanger, à Rabat, et, dans l'intérieur, à Fez et à Meknès. Les Algériens ont entrepris la colonisation des plaines de l'amalat d'Oujda où ils ont acheté beaucoup de terrain et créé quelques villages. L'établissement du protectorat français attire au Maroc non seulement des fonctionnaires et des soldats, mais encore et surtout des agriculteurs, colons ou associés aux Indigènes, des commerçants et des industriels.

Les Espagnols sont établis à Mellila, à Ceuta et à Larache. Ils sont 7.000 à Tanger.

Mœurs.

La population rurale vit sous des gourbis ou dans des maisons en pierre ou en pisé, à toit plat, groupées autour d'une kasba. Les nomades, et aussi parfois les agriculteurs dans les régions troublées, vivent sous la tente qui leur assure plus de mobilité. Les villes sont entourées de hautes murailles flanquées de tours et comprennent en général une citadelle ou « kasba », un quartier musulman et un quartier juif, séparés par des murailles, dans les villes de l'intérieur, sinon dans celles de la côte. Dans l'enceinte des remparts, ce sont des

« bazars clos et vaporeux où circule une multitude blanche, des ruelles infectes, presque fermées par le haut, noires et profondes ». A l'extérieur s'étendent des vergers, d'admirables jardins où les eaux circulent à pleins bords, et de tranquilles cimetières.

Les Indigènes sont robustes et laborieux, capables de fournir une excellente main-d'œuvre. « Chez eux, ce sont de bons travailleurs ; les vieillards gardent les bourgades, les villages, les douars, tandis que les hommes labourent, moissonnent, mettent les récoltes dans les silos et font la guerre, et que les jeunes gens gardent les troupeaux dans les montagnes » (de Segonzac). — Ils émigrent volontiers, au moins pour une saison, en Oranie où ils s'emploient en qualité de portefaix, d'ouvriers agricoles, de terrassiers ou de mineurs. La plupart des ouvriers des mines de fer de Beni-Saf sont des Marocains venus du lointain Sous. Les uns et les autres, habiles et honnêtes, sont des travailleurs estimés. A ces qualités, les Marocains joignent, en général, des sentiments de reconnaissance et de dévouement pour tous ceux, y compris les « roumis », qui les traitent avec justice et bonté.

Les Indigènes ont toujours souffert de l'anarchie, du pillage et des guerres civiles. Beaucoup envient pour leur pays la justice et la sécurité que la France fait régner en Algérie et qu'ils peuvent apprécier au cours de leurs migrations saisonnières. Ces bienfaits, la France a commencé à les assurer au Maroc. Dans les confins algéro-marocains, dans la Chaouïa, vers Fez, partout, autour de nos postes, les tribus se reconstituent. Sûrs de jouir en paix des fruits de leur travail, les Indigènes abandonnent le fusil pour la charrue. Peu à peu, ils s'habituent à notre contact bienfaisant : aucune vexation, aucun abus d'autorité, aucune violence, aucune rapine de notre part ; mais au contraire, le respect de leurs mœurs, de leurs habitudes religieuses, la protection, la justice et des soins médicaux. Dans les infirmeries indigènes ouvertes par nos officiers, ils reçoivent des soins gratuits ; les consultants arrivent chaque jour plus nombreux, non seulement des environs, mais encore de régions éloignées.

« Au sommet du poste, le drapeau apparaît comme la sentinelle gardienne de la sécurité, la divinité protectrice des moissons et des troupeaux, celle qui bannit la crainte, garantit la justice, fait naître la richesse, assure la vie normale » (Ladreit de Lacharrière).

GÉOGRAPHIE ÉCONOMIQUE

OUTILLAGE ÉCONOMIQUE. — L'outillage économique du Maroc est des plus primitifs et des plus incomplets.

Des travaux de captation des eaux et d'irrigation des jardins, parfois remarquables, existent un peu partout autour des villes de l'intérieur, Fez et Marrakech par exemple. Ils devraient être multipliés. De vastes marécages, le long des côtes et surtout vers le Sebou inférieur, sont à drainer.

Le commerce intérieur n'a disposé, jusqu'à ce jour, d'aucun chemin de fer, pas même d'une bonne route. Rien que des pistes boueuses ou pierreuses où peuvent seuls circuler des animaux de bât ; les fleuves sont franchis à gué quand on n'est pas obligé d'attendre la fin d'une crue. La route dite « des ambassadeurs », de Tanger à Fez, n'était qu'une piste aussi misérable que les autres, tracée par le cheminement continu des caravanes et jalonnée des squelettes blanchis d'animaux morts à la peine. Les colonnes françaises qui au printemps de 1911 sont montées de Rabat à Fez passaient les cours d'eau avec de l'eau jusqu'au ventre et, dans la plaine du Sebou, à la moindre pluie, pataugeaient dans des mares de boue qui immobilisaient les convois. L'insécurité du pays ne permettait le déplacement des caravanes de commerce que sous la protection d'une escorte et moyennant le paiement de droits aux tribus dont les territoires étaient traversés. Les transports sont aussi coûteux que lents : celui d'une tonne revient à un franc le kilomètre.

Les ports, sans outillage, sont difficilement abordables. Les chargements et les déchargements ne peuvent s'opérer qu'au moyen de barcasses et ces opérations ne sont pas possibles par tous les temps. Les côtes, très mal connues jusqu'à l'exploration de la mission hydrographique française (1905-1908), sont sans feux.

La France a commencé de doter le Maroc de l'outillage économique qui lui est indispensable. Les pistes sont améliorées en attendant la construction de bonnes *routes*. Un petit *chemin de fer* partant de Casablanca atteint Rabat ; un autre va bientôt relier Oudjda au réseau algérien; des projets de grandes lignes de Fez à la côte et en Algérie s'élaborent. Des *lignes télégraphiques* et des postes de *télégraphie sans fil* unissent les centres principaux entre eux et Fez à l'Algérie et à la France. Dans les *ports*, des travaux urgents sont achevés et sont l'amorce de constructions importantes : môle à Tanger, jetée à Casablanca, wharf à Safi.

Des *services maritimes* réguliers, assurés surtout par des paquebots français, relient Casablanca et Tanger à Marseille, aux ports algériens et au réseau de quelques-unes des grandes lignes internationales qui font escale à Tanger.

AGRICULTURE. — Au point de vue agricole, le Maroc, avec son sol plus fertile et son climat plus humide, est mieux doué que l'Algérie et la Tunisie. Les deux tiers de sa surface sont en friche ; mais, de l'avis unanime de ceux qui l'ont parcouru, il est *appelé à un magnifique développement agricole*.

La fertilité des plaines atlantiques et surtout des « tirs » est universellement connue. Elle a émerveillé les voyageurs. « Partout, à perte de vue, s'étendent des champs couverts de **céréales**; de loin en loin des maisons blanches tranchent sur la verdure des blés et des orges, et si, à la place des koubbas quelques clochers pointaient vers le ciel, on aurait l'illusion complète de parcourir la Beauce. » Les céréales atteignent

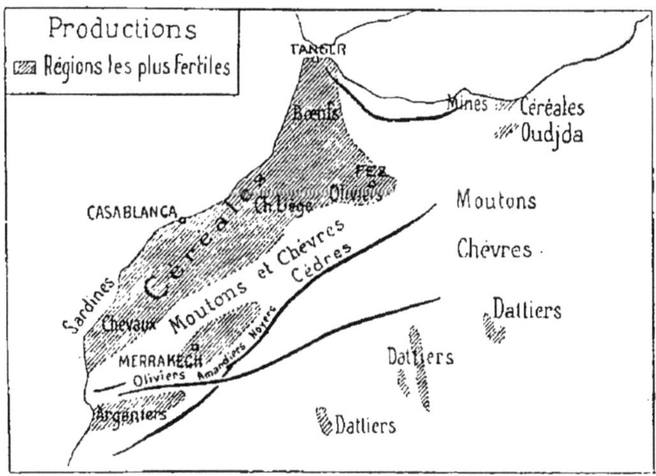

la hauteur d'un homme. Les grasses terres noires des « tirs » sont aussi riches que le tchernoziom russe, et, malgré les procédés rudimentaires de l'agriculture, elles donnent de splendides récoltes. Avec l'orge et le blé croissent le maïs, les pois chiches, les fèves, les lentilles, le lin.

La *vigne* et les *arbres fruitiers* apparaissent autour des villes avec de beaux jardins maraîchers.

Les *oliviers* sont abondants principalement dans le Nord où ils forment de grands bois. Dans la région de Fez, les montagnes en sont couvertes. On dirait un riche paysage de Provence. Dans le Sud, l'*arganier*, « l'arbre du Sous », offre ses feuilles pour la nourriture des chameaux et d'innombrables chèvres, son fruit pour la fabrication d'une huile qui, avec le pain, est l'unique nourriture des Indigènes pauvres. Les *amandiers* et les *palmiers-dattiers* constituent une véritable richesse pour le Maroc méridional. Les orangers, les mandariniers, les grenadiers, les figuiers prospèrent sans peine ; dans les gorges de l'Atlas, ce sont les noyers, les châtaigniers et les arbres fruitiers de l'Europe. Les magnifiques forêts de *chênes-lièges* et de *cèdres* dévastées par l'indigène commencent à être exploitées avec prudence ; des bois sont expédiés du Rif à Tanger, de l'Atlas à Azemmour.

Dans les plaines humides de l'Atlantique, au milieu des riches prairies, prospèrent les **bœufs**. Les pâturages des plateaux conviennent mieux aux **moutons**, aux **chèvres** et aux *chameaux*. Les *chevaux*, les *ânes* et les *mulets* réussissent partout. D'après des évaluations qui ne peuvent être qu'approximatives, il y aurait au Maroc : 40 millions de moutons (cinq fois plus qu'en Algérie) ; 10 millions de chèvres, 5 millions de bœufs, 4 millions d'ânes ou de mulets, providence du Berbère, et 600.000 chevaux. Le Maroc, quelle que soit l'inévitable part d'erreurs que contiennent ces nombres, est *plus riche en bétail que le reste de l'Afrique du Nord.*

INDUSTRIE. — L'industrie marocaine se réduit à la fabrication de babouches, de tapis, de bijoux, de tissus, de poteries, d'armes et de cuirs ouvragés. Les procédés de fabrication sont rudimentaires. La plupart de ces produits sont absorbés par la consommation locale.

COMMERCE. — Le commerce extérieur total du Maroc (importations et exportations) est de *130 millions* de francs, chiffre très faible eu égard à la population du pays et à ses ressources. L'Algérie, avec une surface moindre et une population sensiblement égale, fait un commerce dont la valeur annuelle est huit fois plus forte. Cette comparaison, si elle met en relief l'œuvre accomplie par la France en Algérie, permet aussi de prévoir le bel avenir économique réservé au Maroc.

Le Maroc vend les produits de son sol : orge, fèves, amandes, graine de lin et ceux de son élevage : animaux vivants, bœufs, moutons, laines, peaux (surtout celles de chèvres), et enfin des œufs.

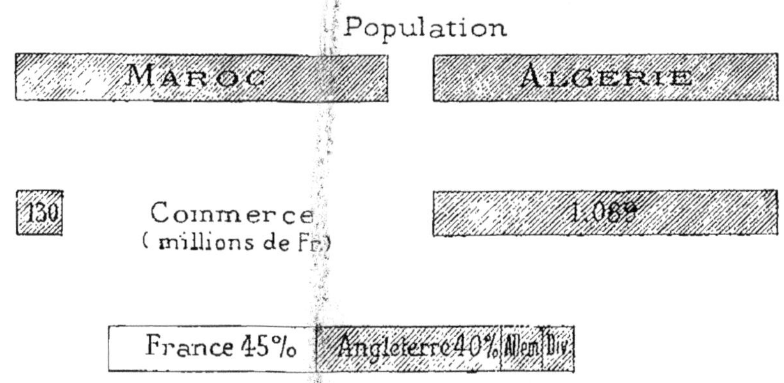

Comparaison entre la population et le commerce du Maroc et de l'Algérie.
Au bas, part des divers pays dans le commerce du Maroc.

Il achète des produits manufacturés : tissus de coton, de laine et de soie ; vêtements confectionnés, meubles, bougies, savons, bimbeloterie, quincaillerie et fers. Il achète encore des *produits pour son alimentation*, beaucoup de sucre ; puis, en quantités moindres, du thé, du café, du chocolat, des vins et des articles d'épicerie.

Ses principaux clients et fournisseurs sont *la France et l'Algérie* (45 °/₀ du commerce) : l'une lui vend surtout du sucre ; l'autre lui achète son bétail. Puis vient l'Angleterre (40 °/₀) qui lui fournit des cotonnades et du thé. L'Allemagne (10 °/₀) lui vend des fers et de la quincaillerie.

Marrakech. — La ville offre l'aspect de toutes les villes indigènes de l'Afrique du Nord : des terrasses séparées par des cours carrées ou rectangulaires et dominées de loin par de légers minarets.

La France doit la première place qu'elle occupe dans le commerce marocain au voisinage de l'Algérie et à l'activité des maisons de commerce françaises qui sont plus de trois cents au Maroc.

Tanger. — Au fond de la rade, la ville étage en amphithéâtre sa masse blanche sur les deux versants d'un vallon.

CENTRES ÉCONOMIQUES. — I. Maroc atlantique. — Dans le Maroc atlantique, les principaux centres de population sont sur la côte. A l'intérieur, au contact des plateaux et de la région montagneuse, se trouvent les capitales Fez, Meknès et Marrakech.

Fez (100.000 habitants) est située au débouché du seuil de Taza et de la route du Tafilelt, au fond d'une vaste plaine à laquelle l'Atlas fait une imposante ceinture de cimes. Ses remparts aux hautes murailles enserrent des maisons blanches et bleues, dominées par d'innombrables minarets et les toitures vertes des palais. Fez est la résidence habituelle du Sultan en même temps qu'un centre intellectuel musulman de premier ordre.

A 50 km. au Sud-Ouest, *Meknès* (20.000 hab.), ancienne capitale bien déchue de sa splendeur passée, plus majestueuse mais plus délabrée que Fez, cache derrière ses multiples enceintes les ruines de ses palais.

Marrakech (50.000 hab.), au pied du Haut Atlas étincelant de neige, est une « ville rouge aux maisons en pisé », au milieu des palmiers, des amandiers et des jardins verdoyants qu'arrose l'oued Tensift.

Tanger est sur une des voies les plus fréquentées du globe. Pittoresquement bâtie sur les pentes d'une colline, la ville, avec sa kasba, ses ruelles et ses bazars grouillants, rappelle les vieilles cités musulmanes de l'Afrique du Nord. Déjà le port et les quartiers modernes s'esquissent ; les docks sortent de terre, de larges boulevards se dessinent, bordés de villas ; le télégraphe et la lumière électrique s'installent. Tanger est le débouché du Gharb septentrional ; mais c'est surtout un *port d'escale*, et, à ce titre, le plus important du Maroc. La ville a 46.000 habitants : 25.000 Indigènes, 12.000 Israélites, 9.000 Européens, Espagnols des classes pauvres en majorité.

Larache (13.000 hab.), à l'embouchure de l'oued Lekkos, fait un commerce assez actif avec l'intérieur et les petites villes *d'El Ksar-el-Kébir* et d'*Ouazzan*.

Rabat (30.000 hab.) est un centre de commerce et d'industrie indigènes. Elle domine le large estuaire de l'oued Bou-Regreg, en face de la ville aristocratique de *Salé* (17.000 hab.).

Casablanca (45.000 hab.), le port des Chaouïas, « posée au bord de l'eau, le long d'une côte plate et verte, toute blanche entre les deux immensités du ciel et de la mer », doit à l'occupation française la paix, d'importants travaux d'utilité publique et une activité commerciale qui la place en tête des ports du Maroc. La ville s'est agrandie d'une façon extraordinaire.

Azemmour (12.000 hab.) est sur les bords escarpés de la rive gauche et à l'embouchure de l'Oum-er-Rebia.

Mazagan (25.000 hab.) elle aussi, ville blanche au ras de l'eau, est le port des Doukkalas, pays riche en céréales, en bœufs et en moutons.

Safi (20.000 hab.), dans un golfe bordé de falaises, est un excellent mouillage, malheureusement d'accès difficile à cause de la barre. C'est le port de la plaine des Abdas.

Mogador (25.000 hab.), placée sur une pointe sablonneuse en face d'un îlot, a une assez belle rade ; c'est le port de Marrakech et du Sud marocain. La douceur constante de son climat y permet la culture des primeurs. Les Israélites constituent la moitié de la population. On ne voit dans la ville que leurs longues robes noires et leurs calottes de velours.

Le petit port d'*Agadir*, dont le mouillage est médiocre, pourrait devenir le port du Sous. Dans l'intérieur, *Taroudant* (8.000 hab.), la capitale, est une agglomération dont les maisons basses, en pisé, annoncent le voisinage du Sahara.

II. **Rif.** — Bâtie à dix kilomètres de la mer, dans une plaine entourée de montagnes aux crêtes escarpées, la « blanche *Tétouan* » est le centre principal du Rif. La ville a 30.000 habitants, dont un quart d'Israélites. La population se livre au commerce et à la fabrication de bijoux, d'armes et de babouches.

Sur la côte, *Ceuta* (12.000 hab.), et *Mellila* (20.000 hab.), bien située derrière le cap des Trois Fourches, n'ont guère qu'une population de forçats et de soldats.

Casablanca. — Une rue.

III. **Confins algéro-marocains.** — *Oudjda* (7.000 hab.) est le chef-lieu de l'amalat de ce nom. Marché agricole dans une plaine fertile, la petite ville a été occupée en 1907 par les Français et depuis assainie, nettoyée, transformée.

IV. **Sahara.** — Dans le Sahara se trouvent, de l'ouest à l'est : les oasis de l'*oued Draa* ; le long chapelet des oasis du *Tafilelt*, 150 ksour et 100.000 habitants, berceau de la dynastie qui règne à Fez ; celles du *Haut-Guir* ; et enfin, au pied des monts des Ksour, celles de *Figuig* (15.000 habitants) desservies par la gare de Beni-Ounif, sur le chemin de fer dit du Sud-Oranais, prolongé jusqu'à Colomb-Béchar.

GÉOGRAPHIE POLITIQUE

Jusqu'en 1912 le Maroc a été un pays indépendant comprenant quatre à cinq cents tribus. L'autorité du sultan, encore que très précaire, ne s'exerçait effectivement que sur des territoires peu étendus autour des capitales Fez et Marrakech, et dont l'ensemble constituait le « bled-es-makzen », c'est-à-dire le « pays soumis ». En face, et beaucoup plus vaste, se trouvait le « bled-es-siba », le « pays insoumis », masse chaotique de tribus indépendantes souvent en guerre les unes contre les autres.

La mauvaise administration, l'anarchie et les guerres civiles dont souffrait le Maroc devaient amener à bref délai une intervention des puissances européennes et notamment de la France qui, en raison du voisinage de l'Algérie et des multiples explorations scientifiques faites par les Français, avait dans ce pays un intérêt tout spécial. Elle avait à compter surtout avec l'Angleterre, avec l'Espagne déjà établie sur l'âpre côte du Rif, et enfin avec l'Allemagne dont les ambitions coloniales sont aussi ardentes que tardives.

Après des négociations longues, délicates et à maintes fois reprises ; après des opérations militaires destinées à assurer l'ordre au Maroc (occupation de Casablanca en 1907 et de Fez en 1911), la France a obtenu le désintéressement de ses rivales.

Elle a payé celui de l'Angleterre, de l'abandon de ses droits sur l'Egypte ; celui de l'Allemagne de 250.000 km^2. de territoire au Congo.

A l'Espagne elle a reconnu : au nord du Maroc une bande de territoire allant de la Moulouïa inférieure à l'Atlantique et comprenant tout le Rif, sauf Tanger (25.000 km^2. environ) ; au sud, un petit territoire de 2.000 km^2 autour d'Ifni, et la côte du Sahara sur la rive gauche de l'Oued Draa ; ces derniers territoires sont hors du Maroc.

Partage politique. — Au point de vue politique, le Maroc comprend 3 parties :

1° Une ville, *Tanger*, qui sera pourvue d'une administration internationale.

2° La *zone espagnole*. Cette zone est administrée sous le contrôle de l'Espagne par un khalifa nommé par le sultan. Ce khalifa résidera à Tétouan et exercera en vertu d'une délégation du sultan les droits appartenant à celui-ci.

3° Le *Maroc* proprement dit.

Le protectorat français. — Ce Maroc est placé sous le *protectorat de la France* (traité du 30 mars 1912). Le protectorat a été organisé sur le modèle du protectorat établi en Tunisie : administration indigène dirigée et contrôlée par des fonctionnaires français. On s'est borné à y apporter les modifications suggérées par l'expérience.

Le pays est gouverné par un *sultan* assisté d'administrateurs indigènes ministres (ou vizirs) et caïds (sortes de gouverneurs de province). A côté du sultan se trouve le représentant de la France appelé le *Commissaire résident*

Photo Gleyze.

Aux soldats français morts au Maroc. — Monument élevé dans le cimetière de Casablanca.

général et dépositaire de tous les pouvoirs de la République au Maroc. Il dirige et contrôle tous les actes du gouvernement du sultan.

Les relations entre le Maroc et les puissances étrangères se font par son intermédiaire.

Si la France a au Maroc la *prépondérance politique*, elle assure aux autres puissances l'*égalité économique*. Les travaux publics entrepris par le gouvernement marocain, tels que constructions de routes, de chemins de fer, de ports et les fournitures nécessitées par ces travaux seront donnés par voie d'adjudications auxquelles seront admis tous les étrangers. De même, tous les étrangers seront traités sur un pied d'égalité en ce qui concerne les taxes sur les marchandises et les mines, les droits de douane, les tarifs de transport, etc.

Installée au Maroc, la France poursuit activement le rétablissement de l'ordre intérieur et de la sécurité générale. Cette œuvre est confiée à un admirable corps d'officiers et à de belles troupes, françaises de naissance ou d'adoption : petits soldats de France, chasseurs d'Afrique, spahis, légionnaires, tirailleurs d'Algérie et de Tunisie, noirs du Sénégal.

La France procède par une pénétration lente, en évitant les expéditions militaires qui ne seraient pas d'une nécessité absolue. Elle fait parcourir le pays par de forts groupes mobiles qui assurent l'ordre et surtout donnent aux tribus une salutaire impression de puissance. Il suffit souvent d'étaler la force pour ne pas avoir à s'en servir. En même temps, elle y introduit les réformes qui doivent assurer son développement économique et relever la condition des Indigènes. Elle recommence, au Maroc, l'œuvre accomplie en Algérie et en Tunisie.

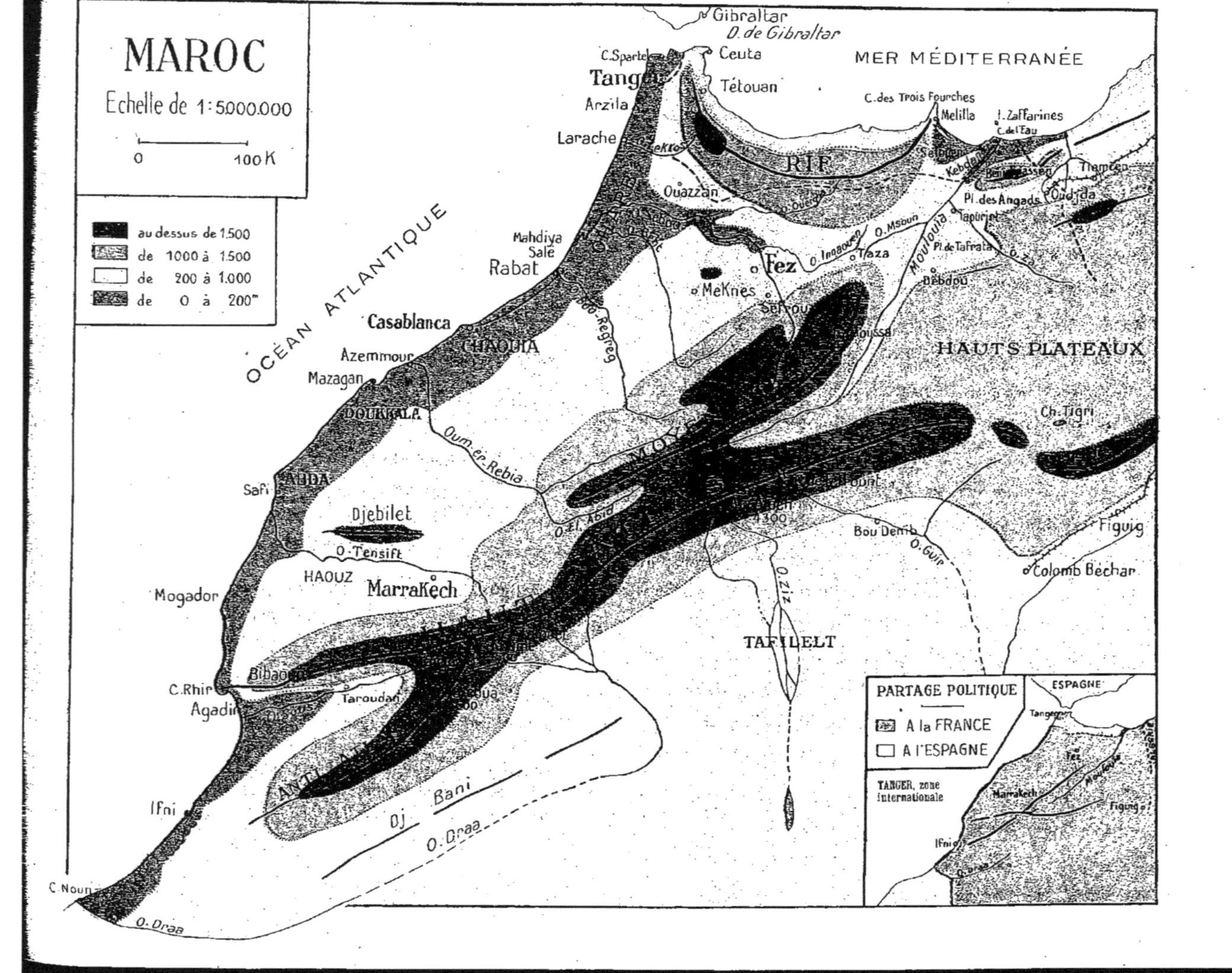
MAROC
Echelle de 1:5000.000
0
100 K
au dessus de 1.500
de 1000 à 1.500
de 200 à 1.000
de 0 à 200m
OCÉAN ATLANTIQUE
MER MÉDITERRANÉE
Gibraltar
D. de Gibraltar
C. Spartel
Tanger
Ceuta
Tétouan
Arzila
Larache
C. des Trois Fourches
Melilla
I. Zaffarines
C. de l'Eau
RIF
Ouazzan
Tlemcen
Pl. des Angads
Oudjda
Taourirt
Pl. de Tafrata
O. Msoun
O. Inaouen
Taza
Moulouia
Debdou
Mahdiya
Salé
Rabat
Fez
Meknès
Sefrou
Casablanca
CHAOUIA
Bou Regreg
HAUTS PLATEAUX
Azemmour
Mazagan
DOUKKALA
Ch. Tigri
Oum-er-Rebia
Safi
ABDA
Djebilet
O. Tensift
O. el Abid
Bou Denib
Figuig
O. Guir
Colomb Béchar
HAOUZ
Marrakech
Mogador
O. Ziz
TAFILELT
C. Rhir
Agadir
Taroudant
Bibaouan
ANTI ATLAS
Bani
Dj
O. Draa
Ifni
C. Noun
PARTAGE POLITIQUE
A la FRANCE
A l'ESPAGNE
TANGER, zone internationale
ESPAGNE
Tanger
Fez
Marrakech
Figuig
Ifni
O. Draa

ALGÉRIE

L'Algérie est limitée à l'Ouest par le Maroc, à l'Est par la Tunisie, au Nord par la Méditerranée sur une longueur de plus de 1.000 km. Au Sud ses limites administratives s'étendent très avant dans le désert.

Nous n'étudierons spécialement ici que la partie de

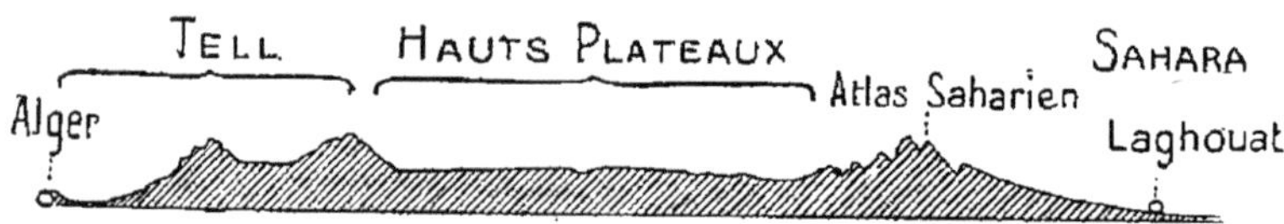

Coupe N-S d'Alger à Laghouat

l'Afrique du Nord qui forme l'Algérie proprement dite et que l'on peut limiter au Sahara. La superficie de cette partie est d'environ 300.000 km ^{2}.

La vue générale donnée plus haut sur le relief de l'Afrique du Nord permet de distinguer en Algérie trois régions différentes par le relief, le climat, l'hydrographie, les productions naturelles, le genre de vie des habitants :

1° Au Nord, le long bourrelet de collines et de montagnes enserrant des plaines, les unes littorales et basses, les autres intérieures et élevées : c'est le **Tell**, pays des cultures et des arbres ;

2° Au Centre, les **Hauts Plateaux**, limités au Sud par l'Atlas saharien, vastes steppes où errent des troupeaux conduits par des nomades ;

3° Enfin au pied de ces montagnes, le **Sahara**, immenses étendues brûlées, tachetées d'oasis.

GÉOGRAPHIE PHYSIQUE

Relief.

LE TELL. — Le Tell présente de l'Ouest à l'Est des variétés d'aspect et de structure marquées. Tandis que dans l'Oranie les pentes sont molles et les vallées larges, dans la partie orientale de l'Algérie les montagnes sont plus hautes, plus

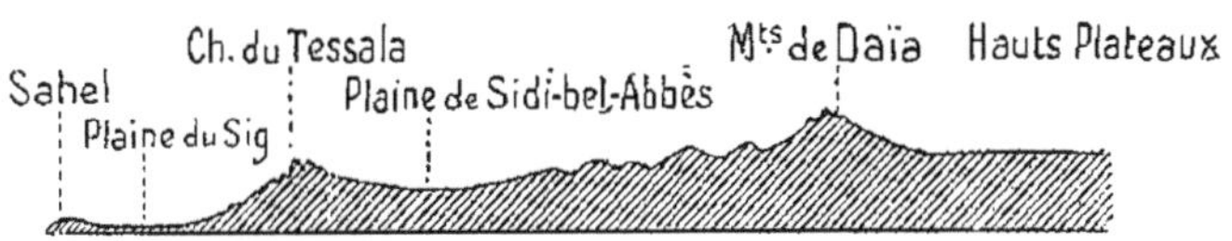

Coupe N-S par Oran

escarpées, et les vallées plus encaissées. Nous distinguerons successivement : le Tell oranais, le Tell algérois, la Kabylie et le Tell de Constantine.

Le Tell oranais. — Le relief du Tell oranais est simple. Il présente de la côte vers l'intérieur une succession de hauteurs et de plaines :

1° Une ligne de collines couvertes de cultures borde la côte depuis la coupure de l'oued Mellah jusqu'à Arzeu, interrompue en son milieu par la large dépression d'Oran. Ce sont les *Sahels* d'Oran et d'Arzeu. Les points culminants atteignent 600 m. au-dessus d'Oran au djebel Mourdjajo.

2° En arrière est une plaine dite *plaine du Sig*, allongée de l'Ouest à l'Est jusqu'à la mer et au plateau qui domine la rive gauche du Chélif inférieur. Cette plaine est basse, monotone, mal drainée encore; la Macta s'y étale en marécages, et la sebkha d'Oran occupe le pied des Sahels.

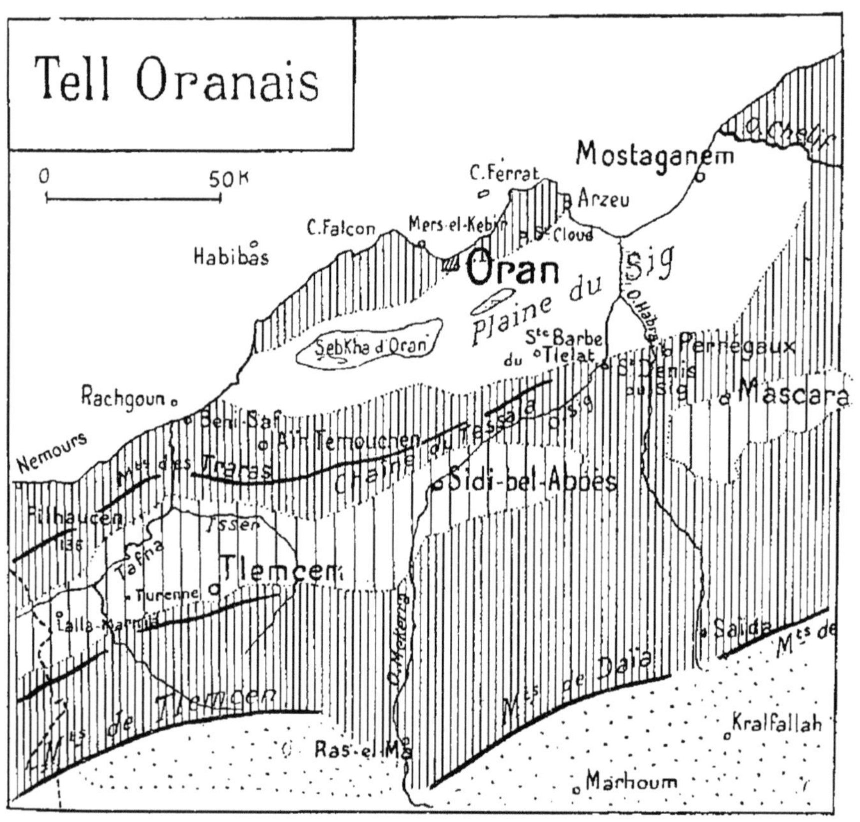

3° Une suite de chaînes dont l'altitude dépasse souvent 1.000 m. vont de la frontière à l'O. Mina. Elles ont des croupes broussailleuses égayées de loin en loin par des bouquets d'arbres alternant avec des vallées bien cultivées. Elles font suite au massif marocain des *Beni-Snassen*. Ce sont le massif des *Traras* (djebel Filhaucen 1.138 m.) qui borde la mer ; et la chaîne dite du *Tessala* (800 à 1.000 m.) qui se dresse au-dessus de la plaine du Sig.

4° Les routes ou les voies ferrées qui des bords de la mer ou de la plaine du Sig s'élèvent par des lacets jusqu'aux cols de ces chaînes ou remontent les vallées qui les entaillent atteignent une zone de *plaines* élevées, riches en cultures, d'une altitude de 500 à 700 m. Ces plaines vont de l'Ouest à l'Est et continuent celle d'*Oudjda*. Ce sont les plaines de *Tlemcen*, de *Bel-Abbès* et de *Mascara*.

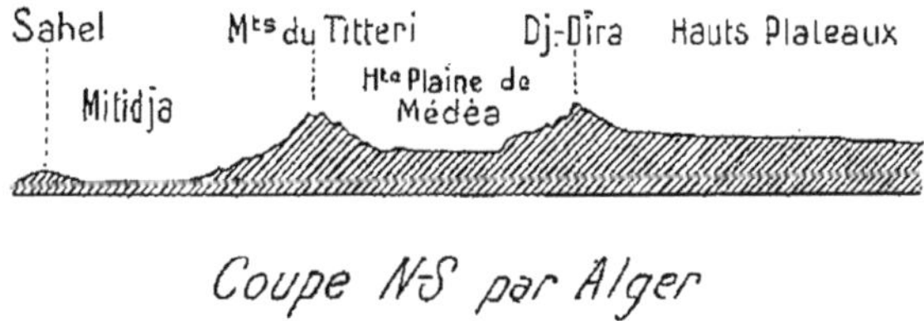

Coupe N-S par Alger

5° Enfin au Sud se dressent jusqu'à 1.600 et 1.800 m. d'autres montagnes allongées vers l'Est : monts de *Debdou*, de *Tlemcen*, de *Daïa* et de *Saïda*. Derrière elles commencent les Hauts Plateaux.

Le Tell algérois. — La structure du Tell algérois rappelle celle du Tell oranais. On trouve en allant du nord au sud la même succession de hauteurs et de plaines.

1° Entre l'O. Nador et l'O. Harrach, des hauteurs côtières (3 à 400 m.), riantes, couvertes de cultures, constituent le *Sahel d'Alger*. Il culmine au massif de la Bouzaréa.

2° En arrière s'étend une plaine, la **Mitidja**, de 25 km. de largeur moyenne sur 100 de longueur, jadis si marécageuse et malsaine que « les corneilles mêmes ne pouvaient y vivre ». Défrichée, assainie, cultivée par de hardis colons qui travaillaient le fusil en bandoulière, elle est un des plus beaux triomphes de la civilisation moderne.

3° Au delà se dressent des hauteurs. De l'embouchure

du Chélif à la dépression où passe la voie ferrée d'Affreville à El Affroun s'étend le *Dahra*. Haute de 6 à 700 m., cette chaîne crétacée borde la mer et tombe sur la vallée du moyen Chélif « comme une muraille rectiligne sans végéta-

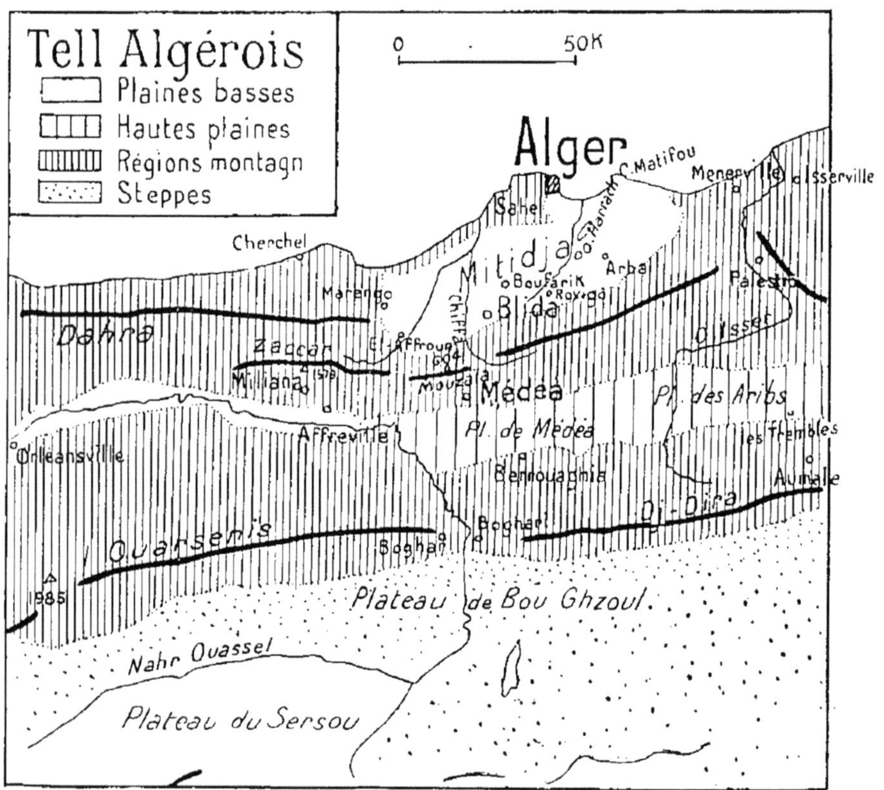

tion ». A son extrémité au-dessus de Miliana, monte la pyramide du *Zaccar* (1.540). A l'Est de la dépression El Affroun-Affreville et jusqu'à l'O. Isser se dressent vigoureusement au-dessus de la Mitidja les montagnes du *Titteri* (1.600 m. au mont Mouzaïa), entaillées de gorges, comme celles de la Chiffa, qui conduisent de la Mitidja vers les hautes plaines intérieures.

4° Derrière cette bordure montagneuse s'étendent en effet des plaines : d'abord celle du *Chélif*, basse et brûlante, ancien fond de lac qui a gardé des marécages vers Relizane. De son extrémité orientale on s'élève vers la haute plaine de *Médéa* (900 m.) continuée par celle des *Aribs* qui descend lentement vers la vallée de la *Soummam*.

Office de l'Algérie.

En Kabylie. — Au fond, les cimes neigeuses du Djurjura. En avant, sur une pente escarpée, les maisons grossièrement bâties d'un village kabyle : des Kabyles avec le burnous et la chéchia.

5° Enfin, au sud de la plaine du Chélif, c'est la puissante masse de l'**Ouarsenis** couverte d'une splendide végétation forestière. De tous les points de l'horizon on découvre sa corne neigeuse (1.985 m.). L'Ouarsenis se prolonge à l'Est au delà de la brèche du Chélif à Boghar par le *djebel Dira* (1.812 m.). Les pentes méridionales de l'Ouarsenis et du djebel Dira s'étalent en plateaux (*Bou-Ghzoul* et *Sersou*).

Extrait de Sites et Monuments du T. C. F.

Gorges du Chabet-el-Akra. — L'oued Agrioun a creusé dans les montagnes de la Petite Kabylie une gorge longue de 7 km. et d'une imposante grandeur. A droite et à gauche se dressent très hauts des pitons aux pentes escarpées. La route a exigé les travaux les plus coûteux.

La Kabylie. — De l'O. Isser jusque vers l'O. el-Kébir, limitée au nord par la Méditerrannée, au sud par la chaîne des Bibans, s'étend la **Kabylie**.

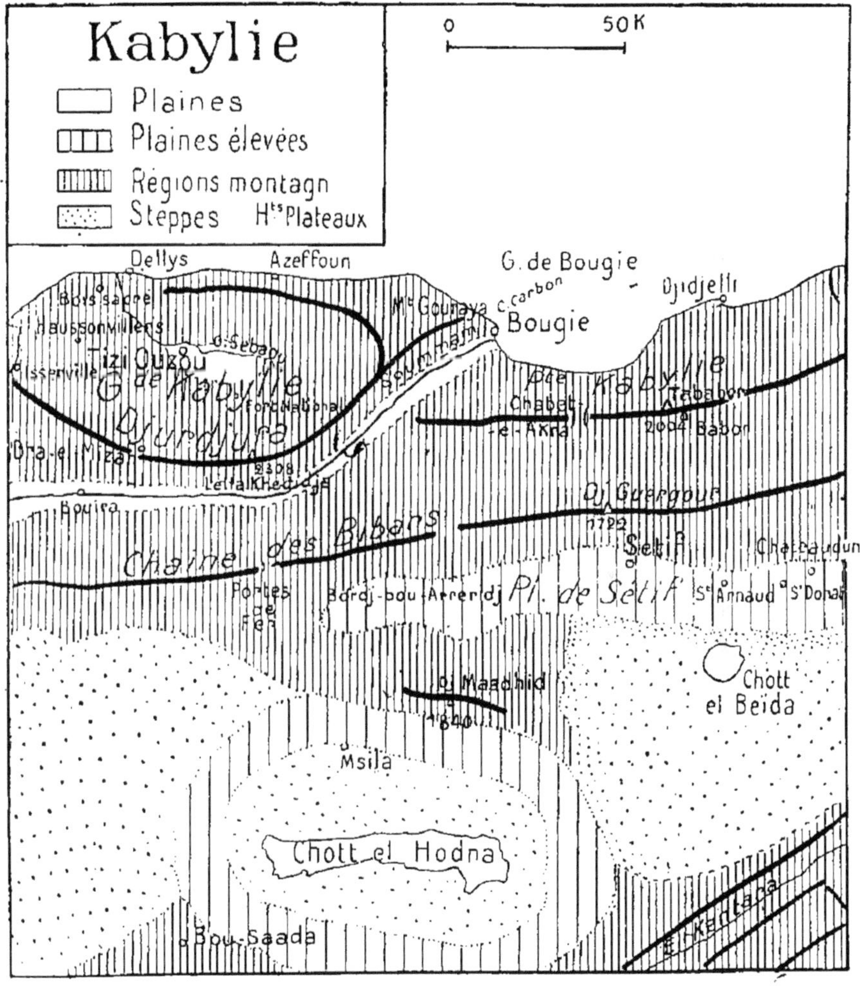

C'est un pays tourmenté, escarpé, coupé de ravins, avec de hautes crêtes déchiquetées presque toujours neigeuses et des villages accrochés sur ses pentes. Par son aspect il rappelle étrangement les Cévennes du Gard, de la Lozère et de l'Ardèche. Pour introduire quelque clarté dans la configuration du pays, on peut distinguer du Nord au Sud trois chaînes :

1° Entre l'O. Isser et la Soummam, le **Djurjura** ou chaîne de la *Grande Kabylie*, au soubassement cristallin surmonté de crêtes calcaires, continue les hautes terres du Titteri ; il décrit un arc de cercle ouvert vers le Nord et finit sur Bougie par le *Gouraya*. Il porte vers son centre le pic neigeux du *Lalla Khadidja* (2.308 m.). Au Sud, il tombe par des pentes raides et caillouteuses sur l'étroit et profond couloir où roule la Soummam.

Au Nord, il descend sur la *plaine* elliptique *du Sebaou*, fond d'ancien lac, au centre de laquelle se trouve Tizi-Ouzou, et séparée de la mer par un relèvement littoral de 500 à 600 m.

2° En retrait du Djurjura, une deuxième chaine se dresse au-dessus de la Soummam et se prolonge par les massifs du *Babor* (2.000 m.) et du *Tababor*, jusqu'à l'O. el-Kébir et envoie vers la côte des contreforts qui forment des falaises. Elle est coupée par des gorges profondes ; les plus célèbres sont celles du Chabet-el-Akra ou « défilé de l'agonie », creusées à plus de 800 m. de profondeur par l'O. Agrioun.

3° En arrière, la chaine des **Bibans** culmine à 1.800 m. au Nord des plateaux où s'étale la « mer de blé » de Sétif. Elle aussi a ses gorges étroites et sauvages, telles les Portes de Fer entre Beni-Mansour et Mansoura.

Ces deux dernières chaînes couvrent la **Petite Kabylie**.

Le Tell de Constantine. — Le Tell de Constantine s'étend à l'Est de la Kabylie jusque vers la frontière tunisienne. Il est plus large que les autres parties du Tell algérien.

Il présente à la mer un front rocheux, hérissé de falaises,

et la puissante masse gneissique de l'*Edough*, haute de 800 m., isolée comme une île entre la mer et la *plaine de*

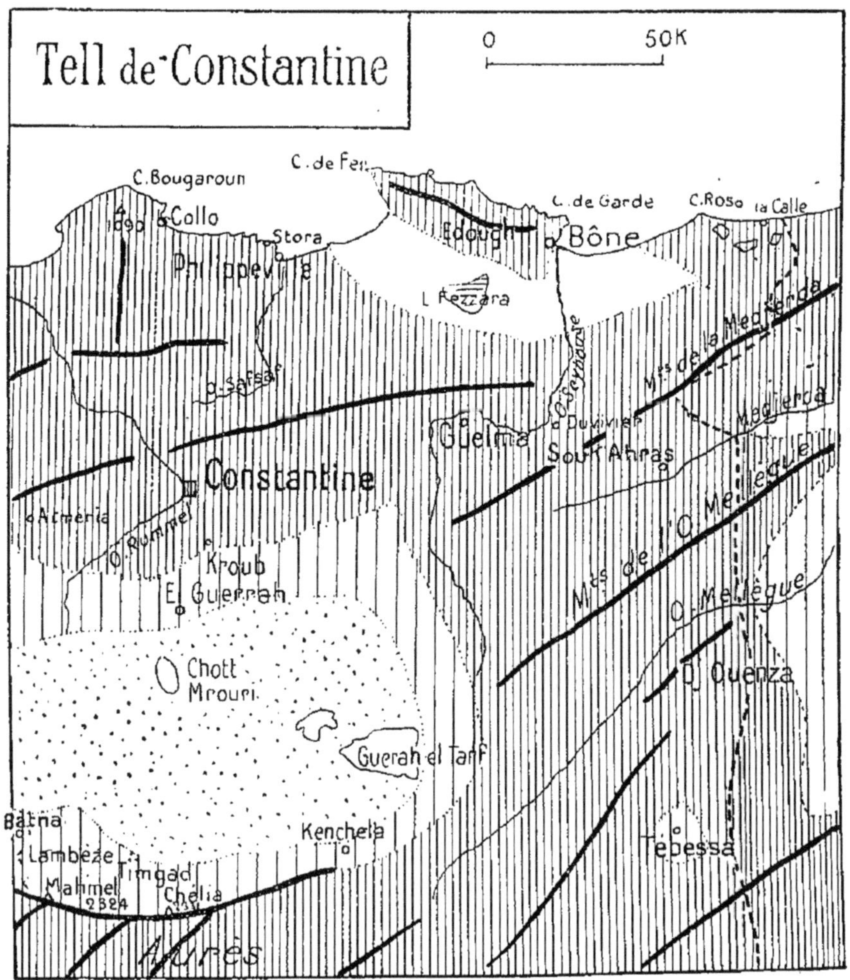

Bône. Cette plaine est une réplique des plaines littorales du Sig et de la Mitidja, avec ses terres basses encore incomplètement asséchées dans les lagunes de l'ancien lac Fezzara, mais, ailleurs, assainie, envahie et transformée par la colonisation. Elle s'étend jusque vers La Calle.

En arrière de la côte et de cette plaine se dressent des montagnes abruptes et enchevêtrées. Leurs alignements principaux sont orientés du Sud-Ouest au Nord-Est. Ils enserrent des vallées étroites qui s'élargissent parfois en bassins formés d'alluvions, chauds, abondamment arrosés et par conséquent fertiles, tel le *bassin de Guelma*. A l'Est de la dépression

Office de l'Algérie.

Les Hauts Plateaux — De vastes espaces plats coupés par des ondulations ; une végétation maigre ; de rares arbres, tel est l'aspect qu'offrent les Hauts Plateaux. Un troupeau de moutons conduit par des Arabes montés l'un sur un chameau, les autres sur des bourricots ; quelques chevaux sont les hôtes ordinaires de ces régions.

où passe la voie ferrée de Souk-Ahras à Duvivier commencent les *monts de la Medjerda*.

Ce pays tourmenté s'adosse au Sud à un plateau qui s'étend jusqu'aux pentes du massif de l'Aurès.

LES HAUTS PLATEAUX. — Les Hauts Plateaux algériens continuent ceux du Maroc. Leur largeur va en diminuant de l'Ouest à l'Est : 200 km. au Maroc, 100 sous le méridien d'Alger, 60 au Sud de Constantine. Leur altitude moyenne est de 900 m.

Entre le bourrelet du Tell et les chaînes de l'Atlas saharien, les Hauts-Plateaux ne sont pas une table unie. Ce sont de vastes steppes sans arbres, ondulées, mamelonnées, avec des lits d'oueds à sec, de longues dépressions en forme de cuvettes aux pentes insensibles, au fond desquelles miroitent des chotts. Par endroits, des collines ou quelque âpre montagne rompent la monotonie de ces étendues. Partout, des cailloux, du sable, des plaques de roches, des boues séchées apparaissent entre des touffes d'alfa ou d'autres graminées.

A peine ridés dans l'Oranie, légèrement accidentés dans le département d'Alger, les Hauts Plateaux le sont davantage dans celui de Constantine où la chaîne du *Bou-Thaleb* (1840 m.) le divise en deux parties : au Nord-Est les plateaux de *Sétif*, de *Souk-Ahras* et de *Batna* ; au Sud-Ouest la dépression profonde où s'étale à 400 m. d'altitude seulement le chott *El Hodna*.

Atlas Saharien. — Au Sud les crêtes parallèles de l'**Atlas saharien** se dressent entre les Hauts Plateaux et le désert. Entre l'extrémité occidentale du *Haut Atlas*, et les monts des **Ksours**, en territoire marocain, passent facilement les vents desséchants du Sahara. Avec les monts des Ksours, aux chaînes chauves, les altitudes atteignent fréquemment et dépassent 2.000 m. Leurs vallées parallèles communiquent entre elles par des brèches si étroites qu'une gazelle, disent les Indigènes, peut les franchir d'un bond. Plus à l'Est le **djebel Amour** conserve encore des sommets élevés. « Par son climat tempéré, ses sources abondantes, ses belles prairies et ses forêts, il contraste de la manière la plus heureuse avec les grandes steppes du Nord. Il est toujours apparu aux Indigènes comme un pays féerique. »

L'abaissement des altitudes se continue dans les monts des

Oulad-Naïls où le point culminant n'est plus qu'à 1.570 m. Enfin avec les monts du **Zab**, l'altitude diminue encore et les influences sahariennes se font sentir sur les Hauts Plateaux.

Au delà des merveilleuses gorges d'El-Kantara, c'est un brusque ressaut de terrain, le gigantesque empâtement montagneux de l'**Aurès**. L'Aurès est formé d'une série de crêtes parallèles orientées vers le Nord-Est et s'élevant à partir du désert qui est à l'altitude de 100 m., jusqu'à 2.331 m. avec le *Chélia* et 2.334 m. avec le *Mahmel*, souvent blancs de neige.

Au Nord, l'Aurès tombe par des pentes brusques sur les Hauts Plateaux qui sont à une altitude moyenne de 1.000 m.

LE SAHARA. — Au pied de l'Atlas, le désert étale ses dunes de sable, ses plateaux pierreux, ses lits d'oueds desséchés et ses montagnes décharnées. Il comprend au centre un vaste *plateau* allongé vers le Sud, de part et d'autre duquel s'étendent deux *dépressions* occupées par les bassins de l'*oued Ghir* à l'Est et de l'*oued Saoura* à l'Ouest. L'oued Ghir coule du Sud vers le Nord et vient finir dans la dépression des chotts Melghir et Gharsa, entre Algérie et Tunisie, à 31 m. au-dessous du niveau de la mer.

L'oued Saoura va du Nord vers le Sud, des monts des Ksours au Touat.

La lisière septentrionale du Sahara seule nous intéresse ici.

Côtes.

Caractères généraux. — Comme la plupart des côtes méditerranéennes les côtes de l'Algérie sont *rocheuses*, bordées de collines ou de montagnes qui tombent en falaises abruptes sur les flots. L'Algérie présente vers la mer un front sévère et presque inabordable.

Ces côtes sont *très peu découpées* : le littoral a 1.100 km.

en ligne droite de l'O. Kiss au cap Roux; 1.300 à peine en suivant les sinuosités de la côte. Les abris naturels sont rares. Les baies sont largement ouvertes au vent violent du Nord, le grand démolisseur de navires, le « charpentier mayorquain », et mal abritées contre la houle du large. Les ports ont dû être construits sur le côté occidental des golfes, face à l'Est, et dans un emplacement protégé par des promontoires.

Cette côte inhospitalière mérite à bien des égards son nom de « côte de fer ». En 1541 une expédition maritime envoyée par Charles-Quint contre Alger ne put pas aborder. En 1830 une première expédition française eut le même sort.

Description. — De l'embouchure de l'O. Kiss au cap Falcon la côte est rocheuse ; elle ne présente que quelques saillies à peine marquées et elle est bordée d'îlots sans eaux et sans végétation : *Rachgoun*, les Habibas et l'île Plane. L'îlot de Rachgoun, en face de l'embouchure de la Tafna, abrite un mouillage assez profond et assez sûr.

Entre le cap Falcon et l'embouchure du Chélif s'ouvrent les deux *baies* d'*Oran* et d'*Arzeu* séparées par la péninsule que termine le cap Ferrat. Ces baies ouvertes vers le Nord ne présentent que deux bons abris: Mers-el-Kébir dans la baie d'Oran, et Arzeu, « le meilleur port naturel de l'Algérie ». Le port d'Oran au fond de la baie a dû être protégé par une longue jetée construite de l'Ouest à l'Est.

La côte du Dahra, raide, bordée de rochers, ne présente que quelques abris très imparfaits où se sont bâtis Ténès et Cherchell.

La *baie* d'*Alger* s'ouvre entre la *pointe Pescade*, extrémité des hauteurs de la Bouzaréa, et le *cap Matifou*. Elle est rocheuse à l'Ouest, sablonneuse à l'Est. C'est à grands frais que le port d'Alger a été aménagé.

Du cap Matifou à Dellys s'étend une plage à peine interrompue par quelques saillies rocheuses.

La Grande Kabylie offre à la mer une côte abrupte et sauvage sans un abri. Elle se termine vers l'Ouest par le *cap Carbon*, « semblable à un monstre accroupi sur les flots ». A l'abri de ce cap s'ouvre le bon port de *Bougie*.

Après les terres basses voisines de l'embouchure de la

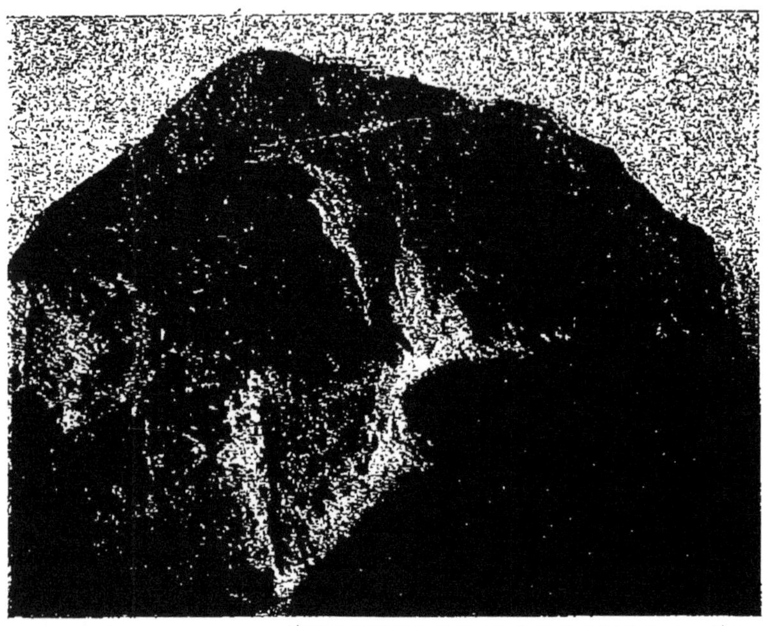

Extrait de Sites et Monuments du T. C. F.

Cap Carbon. — Projeté par le mont Gouraya, l'énorme masse rocheuse du cap Carbon se présente « sous l'aspect d'un monstre accroupi dans les flots ». Au sommet, un phare et un sémaphore.

Soummam, la côte du *golfe de Bougie* est bordée de hauts escarpements rocheux jusqu'à la formidable saillie montagneuse du Bougaroun.

Entre le Bougaroun et *le cap de Fer*, extrémité du massif côtier de l'Edough, s'ouvre le *golfe de Philippeville* avec les abris naturels face à l'orient de Collo et Stora ; le port de Philippeville a exigé de grands travaux.

Du cap de Fer au *cap de Garde* qui protège le port de Bône, c'est la côte escarpée de l'*Edough*; puis au delà jusqu'au cap Roux, la côte basse projette le *cap Rosa* et enserre la *baie de la Calle.*

Climat.

Tell. — Le Tell subit les influences de la mer qu'il borde et est protégé contre les vents desséchants du désert. En hiver la température y est remarquablement douce, les gelées sont très rares. Cette douceur attire de plus en plus les hiverneurs et fait des stations de la côte algérienne des rivales de la « Côte d'Azur » française et de la « Riviera » italienne.

Sur les montagnes, la température est plus froide ; la neige apparaît et séjourne assez longtemps sur le Djurjura, l'Ouarsenis et les sommets élevés.

En ce qui concerne les pluies, la caractéristique est la division de l'année en une saison pluvieuse d'octobre à mai, et en une saison sèche de mai à octobre. Ces pluies sont amenées par les vents humides du Nord et du Nord-Ouest. Elles tombent en averses violentes, ravinent les terres, enflent les torrents qui débordent. En été, c'est la disette d'eau, et les cultures en souffrent.

La quantité de pluies croît d'Ouest en Est : 0 m. 48 à Oran ; 0 m. 76 à Alger; 1 m. en Kabylie. Elle croît aussi avec l'altitude : les parties élevées sont plus arrosées que les plaines. La Kabylie et le Tell de Constantine doivent à leur humidité la végétation forestière qui les pare et qui manque à l'Oranie.

Hauts Plateaux. — Le climat des Hauts Plateaux est continental: en été, lourdes chaleurs qui dessèchent les oueds et le sol ; les jours de sirocco la température dépasse 40° ; en hiver, froids rigoureux de — 10° avec chutes de neige, abondantes jusqu'à arrêter les trains. Mêmes variations extrêmes entre les journées qui sont chaudes et les nuits qui sont très fraîches.

Peu de pluie (0 m. 25 en moyenne par an). Lorsqu'elle tombe, les troupeaux et les hommes se disputent l'eau amassée dans les creux des rochers. Elle est si rare que les trains du Sud-Oranais ont leur wagon-citerne pour la locomotive et leur baril d'eau potable pour les voyageurs; si précieuse qu'une source provoque la création d'un centre, tels le Kreider et Méchéria en plein plateau.

Ce n'est qu'au contact des montagnes froides de l'Atlas saharien que les pluies sont un peu plus abondantes en raison de l'abaissement de la température. Le climat des Hauts Plateaux, tour à tour chaud et froid, mais toujours sec, est incommode, mais sain, à la fois pour les Indigènes et les Européens.

Sahara. — Dans le Sahara les températures sont: en été, excessives le jour et la nuit; en hiver, chaudes le jour et fraîches la nuit. La sécheresse est extrême.

Les pluies sont tout à fait incertaines et très rares. Certains points restent des années sans en recevoir une goutte.

Hydrographie.

TELL. — **Caractères généraux.** — Les oueds du Tell algérien sont des torrents courts et impétueux, essentiellement irréguliers. Ils sourdent sur les hauteurs les plus méridionales du Tell à la lisière des Hauts Plateaux. Dans les parties montagneuses ils coulent au fond d'étroites vallées rocheuses; en plaine, ils s'étalent dans des lits larges de plusieurs centaines de mètres. Leurs eaux y coulent à pleins bords en temps de crue; en temps de sécheresse quelques filets d'eau seuls y subsistent.

Près de la mer leur cours se ralentit encore ; une barre marine obstrue en partie leur embouchure ; en arrière l'eau est calme et assez profonde pour porter des canots.

Les oueds, très irréguliers dans l'Oranie où les pluies sont rares, le sont moins dans le département de Constantine où il pleut presque deux fois plus. Ils rappellent alors quelque peu les rivières de France.

Description. — L'*Isly*, l'*Isser* et la *Tafna* irriguent les plaines d'Oudjda et de Tlemcen. La Tafna reçoit toutes ces eaux, perce ensuite la barrière montagneuse des Traras et tombe dans la Méditerranée.

Le *Sig* arrose la plaine de Bel-Abbès, l'*Habra* celle de Mascara. Leurs cours parallèles se réunissent dans la plaine littorale où ils forment les marécages de la *Macta*.

Le **Chélif** (600 km.) est le plus long des fleuves algériens. Formé par la réunion de l'*oued Namous*, issu du djebel Amour, et du *Nahr-Ouassel* descendu de l'Ouarsenis à travers le plateau du Sersou, il réussit à percer la barrière montagneuse du Tell et, par le couloir entre Ouarsenis et Dahra, gagne la Méditerranée. Simple rigole au milieu d'un lit trop large, il grossit subitement au moment des pluies, centuple et au delà son volume, et roule vers la mer ses flots bourbeux. Il reçoit le tribut de l'Ouarsenis par d'assez nombreux oueds. La *Mina*, qui conflue en aval de Relizane non loin de son embouchure, est le principal de ses affluents.

L'*Isser* draine les hautes plaines de Médéa et des Aribs, et, dans son cours moyen, ouvre par les gorges de Palestro vers la vallée de la Soummam un passage qu'utilise la voie ferrée.

L'*O. Sahel* ou *Soummam*, descendu de la plaine des Aribs, sépare le Djurjura de la Petite Kabylie et va finir au milieu de terres alluviales vers Bougie. La voie ferrée de Beni-Mansour à Bougie suit sa vallée. La Soummam est célèbre par ses crues subites et formidables, tout comme les torrents des Cévennes qu'elle rappelle, et par ses colères et par l'aspect déchiqueté du pays qu'elle parcourt.

L'*O. el-Kébir*, le *Safsaf* et la *Seybouse* drainent la partie orientale du Tell. L'O. el-Kébir reçoit le *Rummel* qui a creusé les célèbres gorges de Constantine. Le Safsaf finit

Gorge d'El-Kantara. — Au pied de l'Aurès, la gorge que suivent la voie ferrée et la route ouvre un passage des Hauts Plateaux vers le Sahara. Au fond, le filet d'eau de l'oued.

vers Philippeville et la Seybouse se termine par un delta envasé vers Bône.

La *Medjerda*, formée au sud de Guelma, et l'*oued Mellègue*, descendu de l'Aurès, s'échappent vers la Tunisie.

HAUTS PLATEAUX. — Sur les Hauts Plateaux les eaux de ruissellement descendues des pentes de l'Atlas s'en vont par des oueds vers les dépressions des *chotts*.

« L'eau du chott est peu profonde, vaseuse, saumâtre, jamais potable. En été, quand les oueds languissants se perdent en route, le soleil a bientôt fait de tout tarir. L'évaporation laisse alors à sec d'épaisses couches de sel dont les efflorescences blanchâtres présentent quand la lumière s'y joue l'éblouissant éclat d'une mer de glace. »

Cinq grands chotts se succèdent de l'Ouest à l'Est faisant suite au chott *Tigri*, au pied des monts des Ksours. Ce sont : en Oranie le chott *El Gharbi* et le chott *El Chergui*, le plus vaste de tous, long de 140 km., divisé par des chaussées instables ; dans le département d'Alger, les deux *Zahrez*, de dimensions plus réduites, 35 à 45 km., entre Bogar et Djelfa ; dans celui de Constantine, le *Hodna* ; enfin au nord de l'Aurès, l'étroit bassin du *Tarf*.

Seuls, quelques oueds échappent à ces bassins fermés et prennent leur route vers la grande mer bleue. Les principaux sont : l'*O. Za*, affluent de la Moulouïa ; l'*O. Namous* et le *Nahr Ouassel* qui sont les branches supérieures du Chélif.

SAHARA. — Des oueds dont les eaux disparaissent vite dans les sables et dont le lit reste presque immuablement à sec descendent de l'Atlas saharien vers le désert : l'*O. Zousfana*, affluent de l'oued Saoura ; l'oued *Djedi* et l'*O. El Kantara*, qui vont vers la dépression des chotts.

La circulation des eaux est, dans le désert, non pas superficielle, mais souterraine ; de loin en loin elles reparaissent à la surface en jaillissant par l'orifice d'un puits. C'est alors, la chaleur aidant, une poussée vigoureuse de végétation : des céréales, des légumes, des olives, des vignes, le tout dominé par les larges panaches des palmiers. L'eau crée l'oasis.

Richesses naturelles.

Végétation. — La végétation dépend exclusivement du climat. Elle varie en Algérie d'une région à l'autre.

1° Le **Tell**, qui a des pluies suffisantes, est le pays des cultures et des arbres. La végétation y est essentiellement *méditerranéenne*, avec des *plantes à feuilles persistantes*. Des forêts, ou plus exactement des lambeaux de forêts, des bouquets d'arbres clairsemés s'étendent sur le Tell parmi des broussailles épineuses. Les bois de haute futaie se trouvent dans les régions humides : la Kabylie, l'Ouarsenis, les monts de Tlemcen. L'Algérie est proportionnellement à son étendue moins boisée que la France.

Jusque vers 800 m. d'altitude croissent le pin d'Alep, l'olivier, le chêne-liège, le chêne zéen ; ici mêlés, ailleurs séparés et nettement localisés suivant la nature du sol, l'exposition et l'humidité.

Le sobre *pin d'Alep* s'accommode de tous les terrains, spécialement de ceux qui sont secs et caillouteux. On le trouve sur toutes les crêtes, inséparable compagnon du romarin. Son frère, le *pin parasol* au dôme largement étalé se cantonne de préférence sur le littoral.

Depuis la plaine jusque vers l'altitude de 800 m. sur les versants exposés au midi, bien ensoleillés, calcaires et secs prospère l'*olivier*.

Les *chênes-lièges* veulent des sols siliceux, bien arrosés, entre 600 et 800 m. Leurs plus belles forêts couvrent la Kabylie, en particulier les environs de Bougie, de Djidjelli, de Collo, de Philippeville et de Jemmapes. Les 4/5 des chênes-lièges sont dans le département de Constantine.

Enfin sur l'Ouarsenis et l'Aurès, les sommets supérieurs à 1.400 m., froids et parfois brumeux, sont couronnés de *cèdres*.

2° Les **Hauts Plateaux** sont la région des steppes herbeuses propres par excellence à la vie pastorale, la « bergerie naturelle de l'Algérie ». L'alfa y couvre de vastes espaces en particulier dans l'Oranie.

3° Le **Sahara** est la région non cultivable, sans eau, sans arbres, sans cultures, sauf dans les oasis.

Sous-sol. — Les richesses minérales sont en rapport avec la nature du sol. Très peu de terrains anciens en Algérie, par suite pas de houille ; mais par contre, spécialement dans le département de Constantine, des minerais de *zinc*, de *plomb*, de *cuivre* et surtout d'inépuisables gisements de **fer**, comme ceux bien connus de Beni-Saf et de l'Ouenza. Des sources de pétrole sont signalées en Oranie.

Les beaux gisements de **phosphate de chaux** de la Tunisie se continuent en Algérie depuis Tébessa jusque vers Bordj-bou-Arreridj.

Les *marbres* sont abondants. Les célèbres carrières d'Aïn Smara produisent de beaux onyx recherchés pour la variété de leur coloris. Le gypse se trouve en abondance dans les environs d'Oran, de Mostaganem et de Sidi-bel-Abès. Le sel peut être tiré des salines de la plaine du Sig ou extrait de la terre où il forme par endroits de véritables montagnes.

L'Algérie est enfin riche en eaux minérales et plus encore en eaux thermales. Les plus connues sont celles de Hammam-Meskoutine, près de Guelma, dont les eaux, les plus chaudes du globe, jaillissent au milieu de pétrifications qui ont l'aspect d'une immense cascade blanche ; et celles non moins renommées de Hammam Rhira, près de Cherchell.

GÉOGRAPHIE HUMAINE

Population.

La population totale de l'Algérie est de **5.070.000** habitants dans les territoires du Nord et de 495.000 dans ceux du Sud.

Elle est très inégalement répartie entre les diverses régions

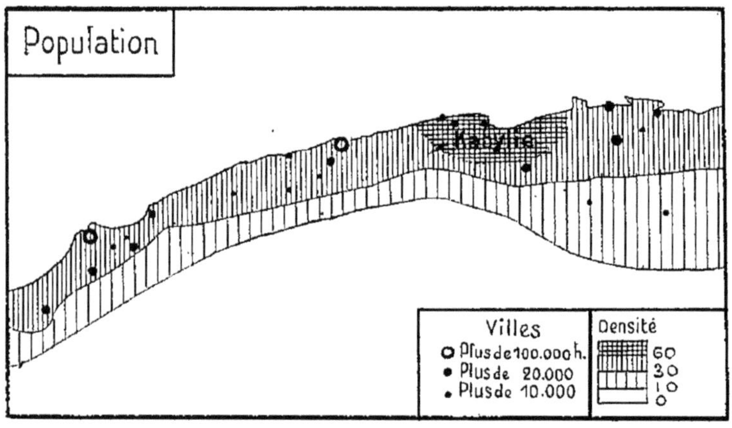

naturelles. Un huitième est épars dans les solitudes des Hauts Plateaux et dans les oasis, à raison de 2 habitants à peine au km². Dans le Tell vivent les sept huitièmes restants ; toutes les villes algériennes de quelque importance s'y trouvent. La densité y atteint 34 habitants au km².

Cette densité est sensiblement égale à celle de la Turquie, de la Grèce, de l'Espagne, de la Corse et des Landes. Elle est supérieure à celle des départements de la Lozère (26), des Hautes-Alpes (20) et des Basses-Alpes (18). Mais tandis que ces départements se dépeuplent et qu'ils ne pourraient pas nourrir une population supérieure à celle qui les habite, l'Algérie peut recevoir une population bien supérieure à sa population actuelle.

Cette population d'ailleurs s'accroît régulièrement (60.000 par an), non seulement par l'arrivée d'immigrants, mais encore par l'excédent des naissances sur les décès. Cet excédent se produit à la fois chez les Indigènes et chez les Européens. Il est de 30.000 en moyenne par an, c'est-à-dire égal à l'excédent constaté pour la France entière (avec 39.000.000 d'habitants).

Éléments de la population.

On distingue trois éléments dans la population : les **Indigènes musulmans** qui en forment les cinq sixièmes, les **Israélites** et les **Européens**.

I. **INDIGÈNES.** — Les Indigènes musulmans forment deux groupes principaux, les *Berbères* et les *Arabes*, auxquels la communauté de religion et d'occupations a donné une unité apparente.

Presque tous sont agriculteurs ou éleveurs de bétail. Les agriculteurs sont pour la plupart de petits propriétaires (fellahs) cultivant leurs champs avec leur famille et exceptionnellemeut avec l'aide d'ouvriers indigènes.

Les grands propriétaires ont des « khammès », sortes de métayers qui reçoivent en échange de leurs travaux un cinquième de la récolte. De nombreux Indigènes s'embauchent dans les exploitations agricoles des colons. Cette main-d'œuvre est absolument indispensable à la colonisation.

Berbères. — Les Berbères sont probablement au nombre de 3 millions 1/2. Il est impossible de fixer les limites qui séparent les populations berbères des populations arabes ; dans toute l'Algérie les deux éléments se confondent dans des proportions variables. Les Berbères se sont maintenus à peu près purs dans la Kabylie, l'Aurès, et les oasis du Mzab.

1° Sur les pentes raides de leurs montagnes, les **Kabyles** cultivent de petits lopins de terre soutenus par des murs en

Office de l'Algérie.

Jeune fille kabyle. — Ce type de jeune fille au visage doux et gracieux est assez fréquent dans la Grande Kabylie. Le costume, très simple, comprend une sorte de chemise appelée gandoura et une pièce d'étoffe qui drape le buste et se fixe au moyen de broches ; sur la tête, un mouchoir ; sur l'épaule, la cruche qu'elle va remplir à la fontaine.

pierres sèches. Ils y sèment du blé, de l'orge, y plantent des frênes, des figuiers, des oliviers. Vigoureux et agiles, ils grimpent sur les flancs des précipices en portant des fardeaux. Ils se nourrissent de rien : des glands, des figues, des olives et, de loin en loin, un quartier de chevreau leur suffisent.

Si rustiques et si laborieux qu'ils soient, ils ne peuvent pas tous vivre dans leur pays. Les jeunes gens s'engagent soit dans le train des équipages, soit dans les tirailleurs. Beaucoup de Kabyles émigrent pour une saison. Les uns s'embauchent dans les exploitations agricoles, où ils sont très appréciés, pour labourer, moissonner et tailler la vigne. D'autres entrent comme manœuvres dans les chantiers. D'autres enfin se font colporteurs. Ils achètent à crédit une mince pacotille de toile, d'articles de bimbeloterie, de bijoux et de parfums. Leur balle sur le dos ou quelquefois sur l'échine d'un bourricot, ils s'en vont dans le « bled ».

Tous ces émigrants temporaires reviennent dans leur village avec quelques économies dont le total annuel est évalué à 1.500.000 francs. Peu à peu la condition de cette race laborieuse s'améliore. Les maisons s'agrandissent, s'embellissent et se meublent d'un lit, de matelas, de chaises, et, dernier luxe, d'une lampe à pétrole.

Comme les montagnards de France, quelques-uns émigrent définitivement. Dans les régions où la vie est moins dure, ils achètent des terres, bâtissent une maison et s'y établissent avec leur famille. Nous assistons ainsi à la descente des Kabyles vers les plaines qu'habitaient leurs ancêtres avant l'invasion arabe.

Tenaces, sobres, sociables et perfectibles, les Kabyles, paraissent devoir être les plus précieux auxiliaires de la France.

2° Les *Chaouïas*, à demi sédentaires, cultivent la terre et font paître leurs troupeaux sur les pentes de l'Aurès.

3° Les *Mzabites*, à force de travail et de persévérance, ont transformé les affreux plateaux de la Chebkha. Ils ont capté l'eau par des barrages et des puits, et, grâce à leurs irrigations, créé des oasis, avec des champs de céréales, de magnifiques jardins et des arbres fruitiers sous les voûtes de leurs 200.000 palmiers.

Ils émigrent comme leurs frères kabyles, s'en vont dans les villes du Tell, ouvrent de minuscules boutiques, se font épiciers, bouchers, marchands de paniers, de cordes, de quincaillerie, de légumes. Se nourrissant de peu, couchant n'importe où, ils arrivent à amasser de petites fortunes.

Arabes. — Les **Arabes** sont un million environ. Leur race est restée à peu près pure dans les tribus nomades des Hauts Plateaux de l'Oranie et de la province d'Alger. L'élevage est en général la grande occupation des nomades. Leurs troupeaux de moutons et de chèvres se déplacent du Tell au Sahara suivant les saisons.

« C'est un curieux spectacle que celui d'une tribu en marche : les chameaux s'avancent gravement, en file, portant les provisions, les tentes, les ustensiles de ménage ; puis viennent quelques bœufs ou vaches maigres, les chèvres et la masse serrée des moutons qu'entoure un nuage de poussière ; les femmes, leurs enfants sur le dos, cheminent à pied ; seules, les grandes dames du désert prennent place dans l'attatouch, le palanquin installé sur un chameau. Les hommes, le fusil au poing, sont en avant pour éclairer la route ou en arrière pour la protéger ; d'autres courent sur les flancs de la longue colonne, surveillant les bêtes, les empêchant de s'égarer ou d'être volées. Le soir, on s'arrête et l'on campe » (Wahl).

Des *Maures*, habitants des villes, et des *Nègres* complètent la population indigène musulmane.

Situation des Indigènes. — La France s'est imposé la mission d'améliorer la situation matérielle des Indigènes. Elle les a associés à son œuvre.

Aux guerres civiles incessantes de tribus à tribus, à l'état d'anarchie et de pillage, elle a substitué depuis la conquête la paix et la sécurité.

Contre l'ignorance, les préjugés et la misère, elle a entrepris la lutte par l'*instruction*. 700 classes à l'usage des enfants indigènes musulmans sont ouvertes et fréquentées par 35.000 élèves, presque tous des garçons. Les écoles, nombreuses notamment en Kabylie, sont mieux installées que bien des écoles en France. Des instituteurs spéciaux préparés à l'école normale d'Alger-Bouzaréa donnent un enseignement dans

Office de l'Algérie.

Une école en Kabylie. — Elle a l'aspect d'une coquette école primaire dans un village de France. Les instituteurs français reconnaissables à leur costume sont sur la porte. En avant, un groupe d'élèves indigènes.

lequel les leçons et les exercices pratiques d'agriculture tiennent une place importante. Les centres principaux sont pourvus d'écoles professionnelles.

Avec l'enseignement, la France a organisé l'*assistance médicale*. Un certain nombre d'hôpitaux pourvus des derniers perfectionnements sont réservés exclusivement aux Indigènes. Dans les villes et les territoires dépourvus de ces établissements, des infirmeries les remplacent. Ce sont de modestes maisons, gaies et propres, où des infirmiers recueillent et soignent les malades. Elles sont placées sous la direction de médecins européens qui les visitent régulièrement et y donnent gratuitement des consultations et des remèdes aux malades qui s'y présentent. Dans les principales villes, des cliniques,

Infirmerie indigène. — Le médecin français assisté d'un infirmier indigène panse un jeune Kabyle. Des femmes suivent l'opération ou attendent leur tour.

dirigées par des femmes docteurs, sont réservées aux femmes.

Des sociétés de *secours mutuels et de prêts* ont été organisées sous l'inspiration française. Elles distribuent des grains aux indigents dans les années de mauvaise récolte ; elles font des avances aux cultivateurs et préviennent les emprunts à des taux usuraires ; en un mot, elles diminuent la misère.

Les colons ont introduit des *cultures nouvelles*, des procédés scientifiques d'exploitation qui ont multiplié la valeur des terres et dont profitent les Indigènes. Enfin, ils leur ont assuré du travail et leur payent annuellement pour plus de 60 millions de salaires.

La condition de la population s'est ainsi améliorée constamment. Aussi cette population n'a-t-elle cessé de croître. Elle a doublé en 40 ans. S'il reste encore beaucoup à faire pour elle, les progrès du passé sont le gage des améliorations à venir.

II. **ISRAÉLITES**. — Naturalisés en masse par le décret Crémieux (24 oct. 1870), les Israélites sont citoyens français. Au nombre de 70.000 environ, presque tous dans les villes, ils acceptent l'autorité française qui a relevé leur condition et ils apprécient les bienfaits de notre enseignement. Ils se livrent au commerce, aux opérations de banque et recherchent aussi les professions libérales.

III. **EUROPÉENS**. — Les Européens comprennent des Français, des Espagnols et des Italiens.

Les **Français** d'origine sont colons, propriétaires, chefs de grandes entreprises commerciales, agricoles ou minières ; dans les villes, ouvriers, fonctionnaires, négociants, industriels, hommes de loi, médecins. Ils sont 304.000 en Algérie, répandus à peu près également dans les trois départements avec une prépondérance marquée toutefois dans celui d'Alger.

Pendant longtemps les départements du Midi et la Corse alimentèrent à peu près seuls l'émigration. Mais bientôt toutes les régions de la France y compris l'Alsace-Lorraine en 1871 fournirent des émigrants.

« Le colon algérien est travailleur, amoureux de la terre, « tout comme le paysan français de qui il sort, mais il n'a

« pas sa timidité routinière. Il ne retarde pas sur le siècle, il « le devancerait plutôt ; instruit, intelligent, il aime les nou- « veautés, les initiatives hardies ; procédés, inventions, « machines, il essaye de tout, modifiant ses façons de faire « d'après l'expérience, poursuivant de plus grands résultats « par de plus grands efforts (Wahl) ».

Les **Espagnols** sont nombreux dans le département d'Oran, plus nombreux que les Français d'origine. La pauvreté les chasse de leur pays vers l'Oranie, si proche que quelques heures de traversée suffisent pour l'atteindre. Ils arrivent par bandes de 1.000 à 1.500 au moment de la moisson ; le travail fini, beaucoup repartent, mais d'autres se fixent dans le pays.

Ils sont bruyants et turbulents, mais par contre aussi sobres que l'Indigène. Ils se nourrissent d'une pastèque, d'un poisson séché et d'une gorgée d'eau. Avec cela, durs et infatigables à la besogne ; charbonniers, terrassiers, alfatiers, portefaix, ils s'accommodent de tous les métiers. Les femmes sont domes- tiques ou cigarières. Économes, ils réussissent souvent à s'enrichir et à devenir propriétaires. « A Bel-Abbès, on voit, « le dimanche, des hommes bien portants, coiffés du grand « chapeau mou et vêtus de la veste ronde en drap luisant, « l'air solide et cossu : ce sont les « Pepe », les fermiers ou « propriétaires espagnols qui ont prospéré. Dans les villes du « littoral, principalement à Oran, il existe toute une classe « de négociants espagnols, dont plusieurs très opulents et « qui figurent avec honneur dans les premiers rangs de la « société » (Wahl).

Parmi les Espagnols, les *Mahonais*, originaires des Baléares, occupent une place à part. Gens paisibles, rangés, ils sont d'habiles et minutieux horticulteurs. Leurs maisons, blan- chies à la chaux, d'une propreté hollandaise, égayent les environs d'Alger et des grandes villes du littoral.

Les **Italiens** sont nombreux dans le département de Constantine (30.000). Venus de l'Italie du Sud et de la Sicile où sévit la misère, ils s'adonnent à tous les métiers durs et peu rétribués : ils sont charbonniers, terrassiers, maçons, pêcheurs. « Dans tous les ports et les marchés à poisson on entend les mots accentués du patois napolitain. ».

Les **Maltais**, chassés eux aussi par la pauvreté de leur île où il faut importer même la terre, sont hardis et industrieux. Baragouinant toutes les langues, ils vont partout et savent partout se tirer d'affaire. Quelques-uns sont pêcheurs, jardiniers, petits propriétaires ruraux; la plupart sont épiciers, débitants et cantiniers.

Au total, la population européenne se décompose ainsi qu'il suit :

Français d'origine............	304.000
Étrangers naturalisés..........	188.000
— non naturalisés.......	170.000

Parmi les étrangers, deviennent Français ceux qui demandent à être naturalisés et ceux qui, nés en Algérie de parents étrangers, n'usent pas à leur majorité de la faculté d'opter pour la nationalité de leurs parents. Pour ceux-ci, la naturalisation se fait automatiquement. Leur nombre va croissant chaque jour.

Un nouveau peuple latin se forme ainsi lentement dans l'Afrique du Nord. La communauté des intérêts, l'école, le service militaire, en cimentent les divers éléments.

Types de groupements.

Indigènes. — Les Indigènes nomades vivent sous la tente groupés en douars et se déplacent au gré des saisons du Nord au Sud.

Les sédentaires vivent sous des gourbis ou dans des maisons en pierre.

Le gourbi se rencontre dans les pays au climat doux. C'est une misérable hutte couverte de chaume, aux murs en pierres sèches ou en branchages mêlés de terre. Bêtes et

Gourbis. — Habitations en branchages couvertes d'une espèce de chaume et dans lesquelles se retirent le soir pêle-mêle bêtes et gens. Les deux hommes et la femme sont vêtus d'une gandoura. La femme porte son bébé à califourchon, suivant la coutume indigène.

gens s'y retirent pêle-mêle. Il contient des feuilles sèches dans un coin, quelques vases en terre pour la cuisine et quelques jarres pour les provisions. Ils se rencontrent par petits groupes de trois ou quatre, entourés d'une haie épineuse qui les protège contre les voleurs nocturnes.

Dans la Kabylie et l'Aurès, la rigueur du climat impose

pour l'habitation des maisons en pierre. Elles comprennent d'abord une cour enclose par une muraille en pierres sèches où l'on parque la nuit les moutons et les chèvres ; puis la maison avec une seule ouverture donnant accès dans l'unique pièce d'habitation et dans l'étable des vaches et des mulets.

En Kabylie. — Des crêtes aiguës et escarpées couvertes de figuiers et d'oliviers. Sur les sommets difficilement accessibles, des villages formés de maisons serrées les unes contre les autres.

Pas de cheminée ; la fumée s'échappe par où elle peut. Pour tout meuble, un métier à tisser et des jarres qui contiennent les provisions d'olives, de figues, d'orge et de glands.

Ces maisons forment de gros villages de 2 à 3.000 âmes, bâtis sur des crêtes escarpées, isolés par des précipices et très difficilement accessibles. L'état de guerre permanent entre les tribus rendait jadis nécessaire cet isolement sur un piton inabordable. De Fort-National, au cœur de la Grande Kabylie, on peut apercevoir une quarantaine de ces villages populeux plantés sur les crêtes.

Alger : une rue dans la ville arabe.

Les maisons des villes ou les villas de la campagne se composent d'une cour intérieure rectangulaire, pourvue d'un puits ou d'un jet d'eau, entourée d'une galerie à colonnades appuyée aux bâtiments. Tous les appartements du rez-de-chaussée ou des étages s'ouvrent sur ces galeries. La toiture est en terrasse. L'ameublement est simple, mais les murs sont souvent décorés de faïences vernissées, d'arabesques et de sculptures.

Les villes indigènes ont des ruelles étroites et tortueuses; les étages avancent les uns sur les autres jusqu'à se rejoindre; les maisons ont des portes basses et de rares petites fenêtres grillagées. Leurs murs extérieurs passés au lait de chaux sont éblouissants de blancheur.

Les oasis forment les points vitaux du Sahara. Les habitants sont des sédentaires vivant dans des huttes blanchies à la chaux, par opposition aux pasteurs ou caravaniers dont la vie est nomade. Ce sont des cultivateurs patients et minutieux, pour qui ont un prix inestimable la terre si rare et si féconde et l'eau qui fertilise tout.

L'oasis est devenue naturellement un petit centre politique avec son enceinte, son ksour central fortifié, avec son administration, ses tribunaux locaux pour juger les conflits provoqués surtout par le partage des eaux.

Européens. — Les colons européens ont créé de toutes pièces de nombreux villages, baptisés pour la plupart de noms glorieux, de victoires nationales ou de Français illustres.

Le plan des villages de colons est établi avant toute occupation. L'administration en constitue d'abord le territoire en achetant des terres dans un endroit fertile et sain.

L'emplacement du village proprement dit fixé, elle en fait aplanir l'assiette, construire les routes d'accès, tracer et empierrer les places et les rues, établir les fossés et les caniveaux, amener de l'eau, élever des fontaines, des abreuvoirs, des lavoirs, édifier autour de la place l'école, l'église, la mairie, au besoin le bureau de poste.

Pendant ce temps les terrains sont partagés en lots de 30 à

35 hectares en moyenne et attribués gratuitement ou vendus à des concessionnaires d'Algérie ou de la métropole.

Ordinairement, la maison du colon, couverte en tuiles rouges, comprend deux pièces au rez-de-chaussée et deux au premier étage. En arrière s'étend une cour enclose par un

Maison de colon. — Un simple rez-de-chaussée flanqué à droite d'une écurie ; à gauche, un appentis sous lequel se trouve le four pour cuire le pain ; en avant, un puits ; en arrière de la maison, le jardin. A droite de l'olivier, un gourbi en branchages.

mur avec hangar, écurie, poulailler, grenier et cave pour le vin. Au milieu de ses cultures ou de ses vignes, le village a un air de gaieté et de prospérité qui surprend heureusement.

Dans les villes la transformation a été aussi complète. Les Français ont tracé de larges boulevards bordés de hautes maisons, créé des jardins publics et édifié de somptueux monuments. Par leur aspect et leur animation ces villes rappellent les belles villes de France.

GÉOGRAPHIE ÉCONOMIQUE

Outillage économique.

L'Algérie en 1830. — L'occupation française a valu à l'Algérie une étonnante transformation économique.

En 1830, le pays offrait aux conquérants de vastes étendues de terres incultes, envahies par la brousse, et des plaines marécageuses désertées par l'homme que guettaient les fièvres et la mort. L'agriculture y était routinière : des labours superficiels avec un araire qui égratigne à peine le sol ; de pauvres cultures d'orge et de blé dur ; des forêts dévastées par les troupeaux et les incendies ; des travaux insuffisants pour capter l'eau des oueds au moment des crues et pour irriguer les cultures. Des richesses minières inexploitées et même insoupçonnées dormaient dans le sol.

Pour tout chemin, de mauvaises pistes, raides et caillouteuses, sans pont pour le passage des oueds, le pont étant une invention de « roumi » toujours pressé. Les côtes, difficilement abordables à cause des récifs et des bas-fonds mal connus, n'avaient d'autres feux pour guider les navires que ceux des naufrageurs ; les ports, rares et petits, étaient bons tout au plus pour des barques de pêche ou des galères turques. Nulle part un navire marchand ne pouvait aborder à quai. Les relations commerciales, à peu près impossibles avec l'extérieur, étaient insignifiantes. Le Maroc d'aujourd'hui peut donner une idée de l'Algérie vers 1830.

L'aspect hostile de ce pays décourageait les plus vaillants ; beaucoup se demandaient « s'il ne valait pas mieux abandonner cette conquête ».

La conquête du sol. — Les Français ont véritablement conquis la terre. Ils ont aménagé le sol, drainé les plaines aussi insalubres que fertiles. « Des miasmes mortels sortaient de ces marais croupis ; ce fut un champ de bataille où succombèrent des générations. » A ce prix ils en ont fait, en partie sinon en totalité, de splendides terres agricoles.

Ils ont conquis sur la brousse de vastes espaces pour les cultures. Rude travail que ces défrichements ! « Il faut voir le défricheur aux prises avec la brousse, ahanant sur les racines de jujubiers et de palmiers nains, suant et gouttant des journées entières autour d'un gros lentisque ou parmi les chicots d'un chêne vert. Puis, la brousse arrachée, il faut voir les plaques de tuf à morceler, à soulever, à briser, les têtes de roches à fendre, les cailloux à extraire, à ramasser un à un, à charrier. Autour d'Oran, durant des lieues, les longues, hautes et larges piles de pierres entassées racontent au passant combien, en ces trente années dernières, l'énergie latine a peiné sous le soleil africain » (V. Bérard).

Captation des eaux. — L'irrigation est indispensable dans une bonne partie de l'Algérie et notamment dans l'Oranie et la vallée du Chélif ; l'eau assure des récoltes abondantes et répétées ; point d'eau et c'est l'aridité. Les Romains ont laissé des ruines de leurs travaux hydrauliques dans toute l'Afrique du Nord.

Les Français ont repris leur œuvre et fait eux aussi de grands travaux, en particulier en Oranie. Ils ont entrepris à grands frais la construction de *barrages* qui coupent les vallées et forment des *réservoirs* immenses, tels ceux du Sig, du Hamiz et de l'Habra à Perrégaux. Ce dernier a 40 m. de hauteur, 40 d'épaisseur et 460 de longueur. La construction de ce travail gigantesque a duré 6 ans et a coûté 4 millions. Il permet de fertiliser 36.000 hectares de terre. Ces barrages rendent des services incontestables, mais ils s'envasent vite et même quelquefois se rompent.

On a renoncé à ces barrages-réservoirs pour adopter de pré-

Barrage-réservoir de l'Habra à Perrégaux. — Un mur long de 460 m., d'une hauteur de 40 m. et d'une épaisseur à peu près égale barre la vallée. Il forme un réservoir qui contient 14 millions de mètres cubes.

férence le système des *barrages-dérivations* des eaux des oueds au moyen de travaux multiples mais de proportions réduites et d'un prix peu élevé. Le type de ces barrages est celui de Relizane, sur la Mina, qui à elle seule en compte 34. Il a 120 m. de longueur et 13 m. de hauteur. Il a coûté 450.000 francs et permet d'irriguer par deux canaux de 10 et 14 km. plus de 6.000 hectares de terre.

Sur les Hauts Plateaux on s'est efforcé de multiplier les points d'eau, de rechercher et d'aménager les sources, les puits, les dépressions appelées « redirs » où s'amassent les eaux de pluies, et de bâtir des abreuvoirs.

Dans le Sahara, les Indigènes creusaient péniblement de pauvres puits. A partir de 1856 les Français avec un matériel perfectionné ont foré des centaines de *puits artésiens*. Lorsque pour la première fois, devant une foule incrédule, la sonde fit jaillir du sable une véritable rivière, ce fut chez les Indigènes un débordement de joie et d'enthousiasme bruyant. En trois semaines les Français avaient accompli un travail qui aurait demandé trois années à leurs puisatiers. Des oasis ont été sauvées de la ruine, d'autres étendues ou complètement créées. « L'abondance a jailli du sol avec les eaux. En trente ans la valeur des oasis a plus que quintuplé. »

Les colons. — Pour mettre en valeur le sol, la France a eu recours non seulement aux Indigènes mais encore elle a fixé les *colons*, des Français hardis, anciens soldats de l'armée d'Afrique, vignerons ruinés par le phylloxera, Alsaciens-Lorrains qui voulaient rester Français, paysans et ouvriers dont la vaillance ne s'effrayait pas des dangers. Plus tard, les Espagnols et les Italiens sont arrivés en foule dans ces pays transformés par la France où la vie est pour eux plus douce et plus confortable que dans leur pays d'origine désolé par la misère.

« On nous vante la supériorité des Anglo-Saxons, le triomphe de la science allemande ! Voyez sortir du désert ces vignobles, ces olivettes, ces champs de céréales et de primeurs, ces chemins plantés de cyprès, ces blancs villages aux noms joyeux, Valmy, Saint-Cloud, Fleurus, Kléber, ces fermes ombragées de platanes et de pins, ces chais à trois nefs, plus vastes que nos églises, toute cette campagne languedocienne ou provençale qui fleure le thym et la résine et qui rit aux brises de la Méditerranée, à l'azur, aux nuages légers, fuyant sans hâte dans le ciel limpide! » (V. Bérard).

Routes. — La France a établi un réseau de 15.000 km. de bonnes routes. Cette œuvre n'est pas allée sans grands frais, en raison des ravinements intenses opérés par les pluies.

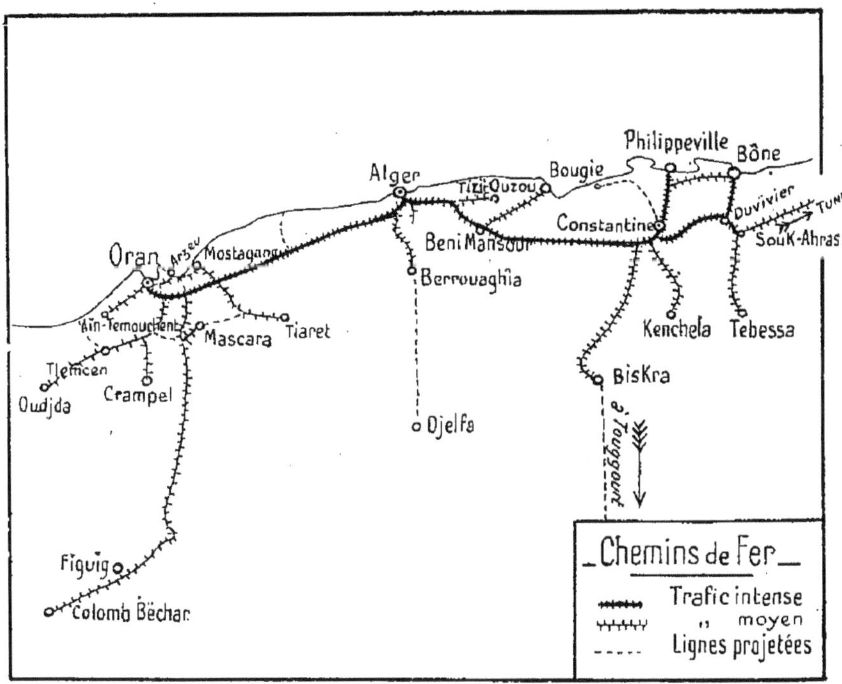

Chemins de fer. — Les voies ferrées ont été poussées non moins activement, quoique l'ouverture de la première ligne ne date que de 1871. Largeur des voies, matériel, tout fut d'abord imité de la métropole ; puis l'on renonça à cette imitation, on créa un type de chemin de fer mieux adapté à la configuration et aux besoins du pays : le chemin de fer dit à « voie étroite », dans lequel l'écartement des rails est de 1 m. au lieu de 1 m. 44. Le prix de revient de ces voies est sensiblement moins élevé que celui des voies larges.

3.300 km. de chemin de fer ont été construits, quelques-uns avec une remarquable rapidité. Par exemple, entre Saïda et Mécheria, sur la ligne du Sud-Oranais, 116 km. de rail furent posés en 200 jours, « jolie réussite à la française, faite d'audace et de travail alerte ».

Le réseau est constitué :

1° par une longue **ligne parallèle au littoral**, courant du Maroc à la Tunisie ;

2° par des **voies transversales** dirigées vers le Nord ou vers le Sud.

La **grande ligne longitudinale** part d'*Oran* et par la plaine du Chélif atteint *Alger*; puis par la vallée de l'Isser, les gorges de Palestro, les Portes de Fer et le plateau de Sétif, elle arrive à *Constantine*, pour gagner ensuite à travers une région accidentée la vallée de la Medjerda et la suivre jusqu'à proximité de *Tunis*. Des projets dont l'exécution semble prochaine la prolongeraient jusqu'à Fez par Taza, réunissant ainsi les trois capitales de l'Afrique du Nord.

Les **voies transversales** desservent les ports ou pénètrent dans l'intérieur vers le Tell, les Hauts Plateaux et le Sahara. Les principales sont :

D'Oran à Aïn Témouchent ;

De Sainte-Barbe-du-Tlélat à Tlemcen et à la frontière marocaine, avec prolongement projeté sur la Moulouïa et Fez ;

D'Oran à Colomb-Béchar. Cette ligne dite du « *Sud Oranais* », gagne les Hauts Plateaux par Saïda, passe aux postes du Kreider, de Mécheria et d'Aïn-Sefra ; puis par les gorges éblouissantes de l'Atlas atteint le Sahara, dessert les oasis de Figuig et s'arrête provisoirement à Colomb-Béchar (longueur : 750 km.) ;

De Mostaganem à Tiaret par Relizane ;

De Blida à Berrouaghia avec prolongement projeté sur Djelfa au seuil du désert ;

De Ménerville à Tizi-Ouzou ;
De Béni-Mansour à Bougie ;
De Constantine à Philippeville ;
De Constantine à Biskra ;
De Constantine à Kenchela ;
De Duvivier à Bône ;
De Souk-Ahras à Tébessa.

Les lignes sur lesquelles le trafic est le plus intense sont celles d'Oran à Constantine, de Constantine à Philippeville et de Duvivier à Bône.

Les ports. — La côte, jadis inhospitalière, est aujourd'hui éclairée par 45 phares. Les ports ont été transformés, agrandis à coup de millions : on a creusé des bassins, bâti des jetées, élevé des hangars et des docks, construit des voies d'accès pour les chemins de fer.

Les ports d'Oran, d'Alger, de Bougie, de Philippeville et de Bône ont exigé les plus grosses dépenses, et les agrandissements exécutés jusqu'ici sont insuffisants. D'autres ports de moindre importance ont été aménagés : Nemours, Beni-Saf, Arzeu, Mostaganem, Tenès, Cherchell, Djidjelli, Collo, La Calle.

Agriculture.

Caractères de l'agriculture algérienne. — L'Algérie a toujours été et est restée avant tout un **pays agricole**, malgré ses richesses minières récemment découvertes et exploitées. Plus des trois quarts des Indigènes et plus d'un tiers des Européens se livrent à l'agriculture.

L'Indigène, qui a des besoins très réduits et n'est pas prévoyant, cultive juste assez pour ne pas mourir de faim. Ses procédés culturaux et ses instruments aratoires sont des plus rudimentaires. Il s'attarde dans les routines séculaires.

L'agriculteur français, au contraire, est entreprenant, instruit, toujours à la recherche du progrès et superbement outillé. C'est en Algérie que sont le plus répandues les machines agricoles dernier modèle.

Pour plus de 3 millions d'agriculteurs indigènes, la valeur des constructions et du matériel agricole est de 100 millions

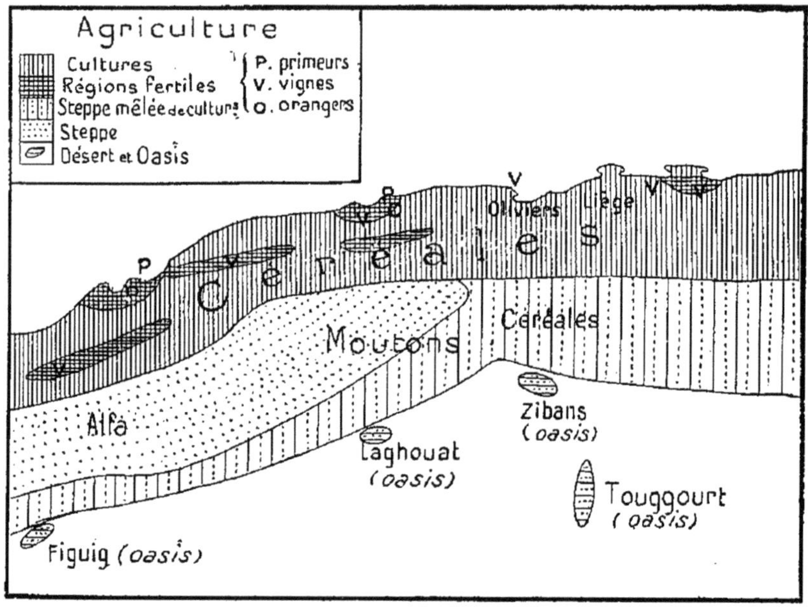

de francs. Pour 250.000 Européens elle est trois fois plus forte.

La différence entre l'Indigène et le colon se révèle par le seul aspect de leurs domaines. « Un champ indigène est une brousse à peine essartée dont les plantes utiles n'occupent que les clairières. Un champ européen est une nappe de terre sans rochers, sans broussailles, aux sillons tout droits. »

Les Indigènes commencent à suivre l'exemple des colons, et à adopter leurs procédés de culture et leur outillage.

Céréales. — La culture la plus répandue est celle des **céréales.** Elle occupe les huit dixièmes des terres.

Les Indigènes sont de grands producteurs de céréales, d'abord parce qu'elles entrent pour une très grande part dans leur alimentation, beaucoup d'entre eux même vivant exclu

Office de l'Algérie.

Labourage à la charrue française. — Les colons ont des instruments de culture perfectionnés : Ici une charrue du type le plus perfectionné et de beaux attelages de bœufs qu'un ouvrier indigène conduit.

sivement de leur blé et de leur orge ; ensuite parce que cette culture exige peu de frais. Ils cultivent principalement l'**orge** et le **blé dur** et, en Kabylie, un peu de bechna.

Les colons français produisent eux aussi beaucoup de céréales, sans s'adonner toutefois aussi exclusivement à cette culture que les Indigènes. Ils ont introduit en Algérie l'*avoine*, le *maïs* et surtout le **blé tendre** qui donne une farine plus blanche et de meilleure qualité que le blé dur, et qu'ils cultivent de préférence à toutes les autres céréales.

Ils ont aussi amélioré les procédés agricoles par la pratique des assolements et l'emploi des engrais. Par les labours préparatoires ils ont gagné à la culture du blé les régions peu

Office de l'Algérie.

Labourage indigène. — Un araire primitif auquel le Kabyle a attelé un bœuf et un mulet; d'autres fois ce sera deux bœufs, deux chevaux ou deux ânes. Avec l'araire, l'Indigène ne peut que gratte le sol.

arrosées qui paraissaient vouées à la steppe comme le plateau du Sersou, par exemple. L'eau de pluie tombant sur un sol desséché et durci n'y pénètre pas; elle glisse à la surface et roule au torrent; au contraire, elle y pénètre si la terre a été brisée par un labour. Un deuxième labour suffit ensuite dans ces terres rendues humides pour les préparer à recevoir la semence.

Les céréales sont cultivées dans tout le Tell mais principalement sur le plateau de Sétif, d'où elles débordent lentement vers le Sud jusqu'à l'Aurès. La « mer de blé » déroule ses flots à l'infini sur une plaine vallonnée, sans arbre. Quand vient la moisson, des nuées de travailleurs kabyles arrivent, si nombreux qu'il faut établir des boulangeries ambulantes pour les nourrir. Les céréales ont fait la fortune de Sétif qui est devenue l'une des villes les plus aisées de l'Algérie.

La valeur moyenne annuelle de la production des céréales peut être évaluée à plus de 300 millions de francs dont :

125 millions pour l'orge ;
100 — pour le blé dur ;
50 — pour le blé tendre ;

La plus grande partie des céréales est consommée sur place ; l'autre partie est exportée.

Vigne. — La **vigne** est à peu près exclusivement cultivée par les Européens. Elle occupe des surfaces bien moins étendues que les céréales, mais elle est plus rémunératrice. Elle a été introduite par les Français. Avant leur arrivée les Indigènes, qui ne boivent pas de vin, cultivaient un petit nombre de pieds de vigne destinés uniquement à la production des raisins de table. C'est de l'invasion du phylloxéra en France que date l'extension considérable prise par le vignoble algérien.

Les vignobles sont beaucoup plus étendus dans les départements d'Oran et d'Alger que dans celui de Constantine.

Ils prospèrent dans les plaines littorales de Bône, de la Soummam, de la Mitidja et du Sig où ils donnent des vins forts en alcool. Sur les coteaux d'une altitude moyenne, leurs produits sont plus légers et ont plus de bouquet. Enfin, sur les parties élevées du Tell, vers Souk-Ahras, Médéa, Miliana, Mascara, jusque vers 900 m., les vins sont de qualité supérieure.

La production moyenne est de 8 millions d'hectolitres, soit approximativement le 1/6 de la production de la France.

Cultures maraîchères. — Comme la vigne, les *cultures maraîchères* ont été introduites dans l'Afrique du Nord par les Français. Ceux-ci créèrent d'abord dans les banlieues des villes, des jardins maraîchers destinés à l'alimentation des populations urbaines. Rapidement, depuis une douzaine d'années, ces jardins se sont étendus. Ils exigent une température douce et constante, une bonne terre et de l'eau en abondance, autant de conditions que l'on ne trouve réunies que sur les côtes. Les Mahonnais et les Maltais se sont fait une spécialité de l'horticulture.

La culture maraîchère alimente non seulement la clientèle locale mais donne encore lieu à un important commerce d'exportation de primeurs (8 millions de francs par an) et qui va croissant d'année en année. Pommes de terre, artichauts, haricots verts, tomates, petits pois, choux-fleurs, asperges, raisins de table arrivent à maturité sous le chaud soleil de l'Afrique, alors que la nature est encore engourdie en France et dans les pays du Nord de l'Europe. Ces produits, soigneusement emballés, sont expédiés par voie rapide à Paris et sur les grands marchés de France, d'Angleterre, de Belgique et d'Allemagne. Il faut voir sur les quais de Marseille les tas énormes de caisses, de barils, de paniers débarqués des paquebots.

Cultures arborescentes. — L'*olivier*, qui à l'époque romaine formait la principale richesse du Tell algérien, était exploité par les Indigènes mais par des procédés routiniers. Depuis 1893, les Français ont donné à sa culture une vive impulsion. Colons et Indigènes ont multiplié les plantations surtout dans la Kabylie qui fournit à elle seule les 2/3 des olives de l'Algérie.

Parallèlement à la culture de l'olivier s'est développée

l'industrie des huiles. Les moulins kabyles incommodes et primitifs font place à des huileries françaises perfectionnées

Extrait de Sites et Monuments. T.C.F.

Oliviers. — Ces oliviers atteignent une très haute taille.

qui avec un rendement supérieur donnent des produits plus fins.

Les *figuiers* couvrent la Kabylie jusque vers 1.000 m. d'altitude et donnent des rendements appréciables. Les Kabyles consomment beaucoup de figues sèches et en exportent pour 4 millions de francs par les ports de Philippeville, Bougie et Alger. Avec des figues torréfiées on fabrique sur place du café.

Les *orangers*, les *mandariniers*, les *citronniers* donnent lieu à des cultures riches et coûteuses localisées sur la côte et dans les plaines littorales. Les fruits sont exportés en France; les fleurs et les feuilles de l'oranger sont distillées pour obtenir l'essence.

Dans les oasis, les *palmiers-dattiers* fournissent des dattes pour l'alimentation des Indigènes et pour l'exportation. Ils sont d'un très bon rapport, mais les plantations exigent des frais élevés et la production une attente de 12 à 15 ans. Sous leur ombre bienfaisante prospèrent les légumes et les arbres fruitiers.

Forêts. — Les forêts de *chênes-lièges*, jadis abandonnées aux charbonniers et aux troupeaux, sont aujourd'hui méthodiquement exploitées. Quand l'arbre a atteint une circonférence de 0 m. 50, on enlève l'écorce appelée liège mâle. Cette opération constitue le démasclage. Une nouvelle écorce se développe alors appelée liège femelle ou de reproduction. On la détache quand elle a atteint une épaisseur suffisante. Le liège femelle seul est de bonne qualité. Le liège mâle est utilisé pour la fabrication des agglomérés de liège et pour celle du linoléum. Outre le liège, l'arbre donne une écorce à tan. Le produit annuel de la vente des lièges atteint 20 millions de francs.

Le *chêne-zéen* sert à la fabrication de traverses de chemins de fer et de merrains pour la tonnellerie. Le bois de *cèdre* est dur et à peu près incorruptible ; il est employé dans l'ébénisterie de luxe. Le *pin d'Alep* est exploité pour sa résine et il fournit des poteaux télégraphiques et des poteaux de mines. L'*eucalyptus*, employé pour assainir les terrains, donne quand il atteint 30 ou 40 ans un bois dur de bonne qualité.

Alfa. — De grandes nappes d'*alfa* sont exploitées principalement dans l'Oranie qui fournit à elle seule les neuf dixièmes de la production totale de l'Algérie. L'alfa, séché, trié, est mis en balles qui s'amoncellent autour des gares du Sud-Oranais entre Saïda et Aïn-Sefra. La production annuelle est de 100.000 tonnes valant 10 millions. L'industrie du papier en absorbe la plus grande partie. On l'emploie encore dans la fabrication des nattes, des balais, des cordes, de tapis grossiers et d'articles de vannerie.

Cultures industrielles. — Le *palmier nain* qui abonde, et qui était jadis à peu près inutilisé, fournit aujourd'hui le crin végétal très demandé par les bourreliers et les tapissiers.

Les colons ont introduit la culture des *plantes à parfum* pour la distillation : géranium, menthe, néroli, cassie.

Le *tabac* est cultivé principalement en Kabylie où ses produits sont de qualité supérieure.

Des essais heureux de culture du *coton* ont été faits dans les plaines chaudes et bien irriguées du littoral. L'Algérie produit 700 tonnes de coton vendu aux industriels de l'Alsace et de l'Est de la France.

Elevage. — L'élevage n'a pas en Algérie l'importance des cultures. Il est surtout pratiqué par les Indigènes qui font paître par leurs moutons les fourrages qui poussent spontanément dans les steppes ou sur les montagnes et qui pour tout soin au bétail se bornent à le protéger contre les voleurs. Ils peuvent ainsi élever à meilleur marché que le colon.

Les Européens préfèrent acheter aux Indigènes les bêtes élevées mais mal préparées pour la vente. Ils leur font consommer leurs fourrages et en quelques mois ont des animaux en bon état pour la vente. L'Indigène est éleveur, l'Européen engraisseur.

Les **moutons** et les brebis sont 8 millions environ, presque tous propriété des Indigènes. Les Hauts Plateaux sont leur domaine. « Espèce marcheuse par excellence, pouvant trouver sa nourriture en paissant dans ces champs qui ont au premier abord l'air absolument dénudés, le mouton suit son maître dans toutes ses pérégrinations. Il remonte avec lui dans le Tell à l'époque des marchés pour y laisser sa toison et la partie du troupeau destiné à la vente, puis redescend plus tard vers les contrées sahariennes pour y chercher des pâturages favorables, à l'époque où ses terrains de parcours habituels lui offrent trop peu de ressources pour que la vie y soit possible ». Ces troupeaux donnent en viande, en laine et en lait de brebis plus de 50 millions de francs de produits.

3.500.000 *chèvres* broutent dans les terrains accidentés et les massifs broussailleux où le mouton et le bœuf ne sauraient subsister ; mais elles sont dangereuses pour les jeunes arbres. La production annuelle de la chèvre est estimée à 16 millions de francs.

Les *bœufs* et les *vaches* sont au nombre de 1.200.000 ; plus d'un million appartiennent aux Indigènes. La viande de bœuf est surtout consommée par la population européenne ; les Indigènes préfèrent celle du mouton et de la chèvre. Les vaches laitières sont 300.000. Le produit annuel des bovins est de 30 millions.

L'Algérie a environ 160.000 *chevaux*. L'élevage est presque entièrement entre les mains des Indigènes. Les colons préfèrent élever des *mulets* (150.000), très employés pour les labours, et animaux de bât incomparables dans les pays accidentés.

Les *ânes* (300.000) sont, eux aussi, d'utiles animaux de bât employés pour tous les transports.

Dans le Sud, on compte 200.000 *chameaux*.

Industrie.

L'industrie algérienne est avant tout une **industrie extractive**. Les industries manufacturières ne peuvent guère s'y développer, d'abord en raison de l'absence de houille ou de chutes d'eau ; ensuite parce qu'elles entreraient en concurrence avec des industries similaires existant en France, pourvues d'un outillage perfectionné et d'un personnel habile. Seules se sont créées des industries répondant à des besoins

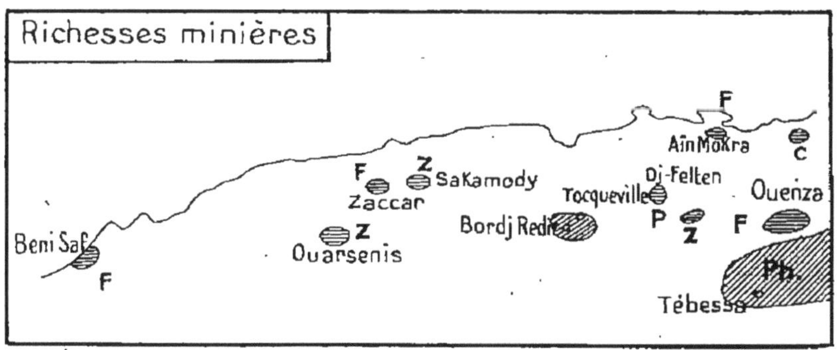

locaux : tuileries, briqueteries, huileries, savonneries, distilleries. Quant aux industries indigènes, elles périclitent de plus en plus malgré les efforts faits pour les relever.

Phosphates. — On extrait annuellement pour dix millions de francs de *phosphates de chaux* (trois fois moins qu'en Tunisie). Les principaux gisements sont autour de Tébessa, au djebel Kouif en particulier. D'autres couches sont exploitées à Bordj Redir et à Tocqueville, sur le versant nord des monts Mahadid. L'Algérie pourrait alimenter le monde entier. L'épuisement des gisements de l'Europe, l'éloignement de ceux de la Floride et les demandes croissantes de l'agriculture donnent aux phosphates une valeur chaque jour plus grande.

Minerais. — L'Algérie est très riche en **minerai de fer** et une partie seulement de ses richesses sont exploitées. Le bassin de *Beni-Saf*, à l'embouchure de la Tafna, fournit à lui seul près de la moitié de la production totale de la colonie. L'extraction qui se faisait d'abord à ciel ouvert est maintenant souterraine et occupe de nombreux ouvriers. Les autres gisements exploités sont à Kristel, autour de Zaccar et à Mokta-el-Hadid, près de Bône. Au total, la production atteint un million de tonnes valant dix millions de francs.

Le gisement le plus riche et le plus énorme serait celui de l'*Ouenza*, entre Souk-Ahras et Tébessa. La compagnie qui en demande la concession s'engagerait à payer une redevance à la colonie et à construire pour le transport du minerai une voie ferrée de plus de 200 km.

Les *minerais de zinc et de plomb*, moins abondants que le fer, mais d'un prix de vente bien supérieur, représentent une valeur annuelle de 13 millions. La mine du djebel Felten, près de Constantine, donne la moitié du plomb. Quelques mines de cuivre sont exploitées dans les environs de Batna.

Commerce.

COMMERCE INTÉRIEUR. — La variété des productions des diverses régions de l'Algérie donne lieu à un commerce intérieur actif. Les nomades du Sahara et des Hauts Plateaux viennent dans le Tell échanger leurs moutons et leurs dattes contre des céréales, des objets fabriqués, des armes et des munitions. Dans toutes les tribus ont lieu des marchés animés où se rencontrent Indigènes et colons. Les villes ont leurs souks, leurs marchés et leurs magasins français.

Le chiffre de ce commerce intérieur augmente d'année en année. Avec l'aisance croissent en effet les besoins. L'Indigène aussi bien que l'Européen exige chaque jour un peu plus de confort dans son logement et une nourriture plus substantielle.

COMMERCE EXTÉRIEUR. — Le commerce extérieur a atteint et a dépassé **un milliard** (exactement un milliard 80 millions) en 1911 [1]. C'est là un chiffre élevé, égal presque à celui de toutes les autres colonies françaises réunies.

L'Algérie y est arrivée d'année en année par une progression régulière et rapide :

En 1830, ce commerce était de 5 millions.

En 1890, il était 100 fois plus élevé.

En 1910, 200 fois plus élevé.

Comment traduire d'une façon plus saisissante les progrès économiques remarquables réalisés par la colonie depuis l'occupation française ?

Les 4/5 du commerce se font avec la France qui est ainsi le grand client et le principal fournisseur de l'Algérie. L'Angleterre, la Belgique, l'Allemagne, les Etats-Unis, l'Espagne viennent ensuite mais pour une part bien moindre.

Ce commerce extérieur est presque exclusivement maritime. Entre la France et l'Algérie il est considéré comme cabotage côtier et comme tel réservé aux seuls navires français. C'est le *monopole du pavillon.*

La plupart des lignes pour voyageurs et marchandises partent de Marseille d'où elles rayonnent vers les ports d'Alger, d'Oran, de Bône, de Philippeville, de Bougie. Des services rapides sont établis entre Oran et Port-Vendres. D'autres, affectées uniquement aux marchandises, relient les ports algériens à Bordeaux, Le Havre, Rouen et Dunkerque.

Des compagnies étrangères, anglaises, allemandes, espagnoles et autrichiennes ont établi des services entre les divers pays de l'Europe et l'Algérie.

1. 1.255 millions en 1912.

Au total, la moitié du commerce maritime se fait par navires français, 15 °/₀ par navires anglais, 15 °/₀ par navires allemands, le reste sous pavillon espagnol, hollandais ou italien.

L'Algérie vend à peu près autant qu'elle achète et cet équilibre entre l'exportation et l'importation est une nouvelle preuve de son excellent état économique.

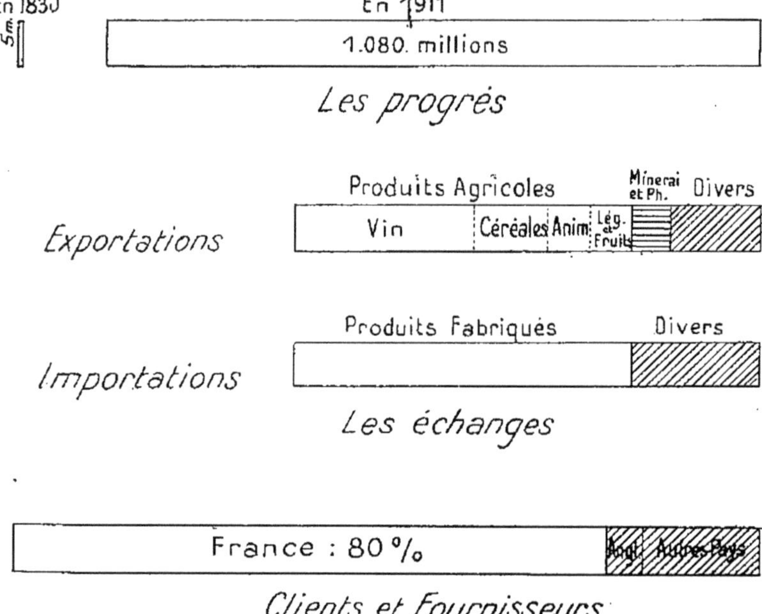

Clients et Fournisseurs

Exportations. — Pays agricole par excellence, l'Algérie exporte principalement les **produits de son agriculture**. La vente de ces produits représente les 3/4 des ventes totales.

C'est le **vin** qui arrive en première ligne. La valeur des vins exportés, variable suivant les récoltes et les cours, atteint la somme considérable de 190 millions, soit autant que celle de tous les autres produits agricoles réunis.

Puis viennent les **céréales** (75 millions) : *blé tendre* pour la boulangerie, *blé dur* pour les semouleries ; *orge* pour la fabrication de la bière, avoine pour la nourriture des animaux.

La vente des *huiles d'olive*, dont la production est sujette à de fortes variations, donne en moyenne 15 millions de francs.

Celle des *légumes de primeur*, des raisins de table et des *fruits* frais (oranges, mandarines, citrons) ou secs (figues, dattes) atteint 20 millions.

L'Algérie envoie en France des animaux de boucherie, des bœufs et surtout des *moutons*. Il en débarque à Marseille 1.200.000 par an. Les deux tiers sont immédiatement expédiés sur Paris par trains spéciaux ; les autres font un séjour dans les pâturages de la Crau. Elle exporte aussi des *laines* et des *peaux*. Au total la vente des produits de toutes sortes provenant de l'élevage atteint 50 millions.

Les produits agricoles d'un usage industriel, *liège*, *alfa*, *crin végétal*, *tabac* vendus par la colonie valent 35 millions.

Importations. — Les 3/4 des importations de l'Algérie consistent en **produits fabriqués.**

Elle achète des *tissus de laine* (draps et couvertures) de soie, de lin et surtout de *coton* (sous forme de toile et de bonneterie), des vêtements confectionnés, de la lingerie, des dentelles, des chaussures : au total pour 120 millions. Puis de la bijouterie, des objets en cuir, des savons, bref tous les produits employés pour les soins de la personne (40 millions).

Pour son agriculture et son industrie, elle fait venir des machines, des outils, des automobiles, des voitures, des instruments aratoires, des meubles, des papiers, des produits chimiques (acides, soude, sulfate de cuivre), de la fonte, de l'acier, du fer brut et travaillé.

Elle achète aussi quelques matières premières, comme de la houille et du bois.

Enfin elle importe pour 40 millions de **denrées de consomma-**

tion, denrées de choix, métropolitaines ou coloniales : sucre, chocolat, café, thé, vins fins et liqueurs, beurres et fromages..., etc.

Centres économiques.

TELL. — C'est dans le Tell que se trouvent à peu près exclusivement toutes les villes et les centres de quelque importance.

Extrait de Sites et Monuments. T.C.F.

Oran. — La vue est prise des pentes du mont Mourdjajo qui domine la ville à l'ouest. A gauche s'ouvre le golfe d'Oran en partie occupé par le port qui s'aperçoit nettement sous la chapelle du premier plan. A droite, la ville s'étend sur le plateau et sur les pentes qui descendent vers le port.

Tell oranais. — La métropole de l'Oranie est **Oran.**

Bâtie au pied du Sahel, la ville ne comprenait en 1830 qu'une bourgade indigène étagée sur les flancs d'une colline et un château-fort séparés par un ravin d'oued. Les Français ont comblé le ravin et bâti un port. La ville s'est étendue sur le plateau ouest.

Oran est le second port de l'Algérie. C'est le débouché du Tell, des Hauts Plateaux et du Sahara oranais desservis par des voies nombreuses et par le chemin de fer du Sud-Oranais. Son voisinage du Maroc et de l'Espagne en fait un centre d'échanges avec ces deux pays. Ville de commerce, Oran est aussi une ville d'industries florissantes : manufactures de tabac, minoteries, distilleries. Avec ses vastes monuments publics flambant neuf, son activité débordante, sa vie intense elle rappelle les cités américaines. « Auprès de cette Oran grouillante et bourdonnante, la seule Marseille peut-être parmi nos villes provinciales pourrait soutenir la comparaison. Ni Alger, ni même Tunis n'est un pareil débarcadère. »

La ville a 123.000 habitants, dont 60.000 Français, d'origine ou naturalisés, et une proportion considérable d'Espagnols (25.000), travailleurs manuels, servantes ou cigarières.

De part et d'autre d'Oran sur la côte s'alignent de petits ports :

Oued Kiss (Port-Say) sur la frontière marocaine ;

Nemours (4.000 habitants) ;

Beni-Saf qui exporte de grandes quantités de minerai de fer et se classe au sixième rang des ports algériens. Il semble devoir être le débouché de la région de Tlemcen quand la voie ferrée qui doit unir ces deux villes sera construite.

Mers-el-Kébir, station militaire ;

Arzeu (6.000 habitants, dont 5.000 Européens), arrêté dans son développement maritime par le voisinage d'Oran, embarque les moutons du Sud.

Mostaganem (23.000 habitants) a un port peu sûr exigeant de coûteux travaux.

A l'intérieur sur le pourtour de la plaine du Sig, sont *Aïn-Tédélès*, *Rivoli*, *Saint-Cloud* (6.000 habitants), *Perrégaux*

(11.000 habitants), *Saint-Denis-du-Sig* (12.000 habitants) et *Sainte-Barbe-du-Tlélat*, centres de colonisation. *Aïn-Témouchent* (8.000 habitants) est une petite ville à l'allure européenne dans l'un des districts les plus fertiles de l'Algérie.

Les hautes plaines de l'intérieur ont chacune leur centre principal. **Tlemcen** (40.000 habitants) est assise sur le versant nord des monts de Tlemcen, dans un site frais, devant les longues plaines qui s'étalent jusqu'aux monts des Traras. Vieille ville célèbre dans l'Islam par son Université, ses monuments et ses industries, elle eut jusqu'à 100.000 habitants. Elle a conservé de ce passé une médersa ou école d'enseignement supérieur indigène.

Sidi-bel-Abbès (30.000 habitants) est une ville neuve créée sous Louis-Philippe et construite par l'armée. Elle doit à ces origines ses rues larges et droites et sa nombreuse garnison.

Mascara (24.000 habitants) sur le revers intérieur des montagnes du Tell regarde au Sud les vastes espaces cultivés de la plaine d'Egris.

Dans les montagnes du Sud, aux confins des Hauts Plateaux, sont *Saïda* (8.000 habitants) et *Crampel* (Ras-el-Ma).

Tell algérois. — **Alger** est la principale ville de l'Algérie. Elle est bâtie sur la côte occidentale de la baie d'Alger adossée aux dernières hauteurs du Sahel. En 1830 elle se composait d'une kasba aux ruelles escarpées descendant vers un petit port où s'abritaient tant bien que mal les galères turques. Les Français ont tracé au bord de la mer de larges boulevards, ouvert des rues, créé un port. La ville s'est étendue vers l'Est formant le long de la plage les quartiers de Mustapha. Les villas se sont établies sur les hauteurs du Sahel. Bref, Alger s'est agrandie, embellie et complètement transformée. « Qu'elle est jolie la ville de neige sous l'éblouissante lumière ! Une immense terrasse longe le port soutenue par des arcades élégantes ! Au-dessus s'élèvent les grands hôtels européens et le quartier français ; au-dessus encore s'échelonne la ville arabe, amoncellement de petites maisons blanches, bizarres, enchevêtrées les unes contre les autres,

Alger. — De hautes terrasses dominent les quais du port et supportent de splendides maisons européennes. En arrière, la ville toute blanche s'étage jusqu'au sommet de la colline qui porte la kasbah.

séparées par des rues qui ressemblent à des souterrains clairs. » (G. de Maupassant.)

Alger fait la moitié du commerce maritime de la colonie. Elle est non seulement le débouché maritime d'une des régions les mieux colonisées et les plus riches de l'Algérie, mais encore c'est une étape sur la route directe entre Gibraltar et Suez.

Les navires viennent de plus en plus y relâcher pour se ravitailler en eau et en charbon. Alger se place au *second rang des ports français* pour le mouvement des navires, immédiatement après Marseille.

Chef-lieu de la colonie, Alger est une *ville administrative* où sont concentrés les services publics.

Elle en est aussi la *capitale intellectuelle* avec sa faculté, ses grandes écoles et ses sociétés savantes. Enfin la douceur de son climat en fait une *station d'hiver* ; les étrangers séduits par sa grâce y accourent de plus en plus nombreux.

La ville a 172.000 habitants, dont une bonne moitié sont Français et un cinquième Indigènes.

Dans le Mitidja sont : **Blida** (35.000 habitants), au pied des hautes terres du Titteri ; *Bouffarik* (10.000 habitants), au centre de la plaine ; *Rovigo*, *Arba*, *Marengo*.

Sur la côte du Dahra, deux petits ports : *Ténés* (5.000 habitants) et *Cherchell* (12.000 habitants), aux confins du Sahel. Dans la plaine du Chéliff se trouvent : *Relizane* (5.000 habitants), *Orléansville* (14.000 habitants) au centre ; *Miliana* (10.000 habitants) qui la domine des flancs du Zaccar, marché important de vins.

Dans les hauts bassins : *Médéa* (16.000 habitants), au milieu d'un magnifique vignoble, l'un des « ports-entrepôts » du Sud où s'échangent les produits apportés par les nomades contre les céréales et les produits manufacturés ; *Aumale*, *Bouira*, *Bogar* et *Bogari*.

Enfin : *Tiaret* et *Teniet-el-Haad* dans l'Ouarsenis.

Kabylie. — La population est particulièrement dense dans la Grande Kabylie où elle atteint 90 habitants au kilomètre carré et jusqu'à 240 dans certaines communes.

La principale ville de la Grande-Kabylie est **Tizi-Ouzou** (31.000 habitants), dans la plaine de l'O. Sébaou, au centre d'un magnifique cadre de montagnes. Puis viennent dans la même plaine: *Bordj-Ménaïel*, *Isserville*, *Ménerville*. Dans la montagne, *Fort-National* et *Dra-el-Mizan* surveillent le pays. Sur la côte sont les petits ports de *Dellys* (12.000 habitants) et d'*Azeffoun*.

Extrait de Sites et Monuments. T.C.F.

Bougie. — La ville étage ses maisons sur les pentes inférieures du mont Gouraya qui la domine de sa masse imposante. Au bas de la ville s'ouvre le port.

Dans la Petite Kabylie la population est sensiblement moins dense. Les centres principaux sont le petit port de *Djidjelli* et surtout celui de **Bougie** (20.000 habitants), un des meilleurs et des plus anciens ports de l'Algérie. Bien abrité et placé au débouché de la vallée de la Soummam, de la plaine littorale et d'une partie de la Kabylie, il centralise le commerce de ce pays. Bougie est au cinquième rang des ports algériens.

Tell de Constantine. — Le Tell de Constantine a deux ports importants : **Bône** (42.000 habitants), vieille cité romaine, au débouché d'une belle plaine et d'une région de vignes, le troisième des ports de l'Algérie. Son importance paraît devoir s'accroître considérablement quand commencera l'exploitation des minerais du djebel Ouenza.

Extrait de Sites et Monuments. T.C.F.

Bône. — Une vaste plaine occupée par des plantations de figuiers, d'oliviers et de jujubiers et un vaste marécage. Au pied de la colline, la ville régulière et bien bâtie. A droite, le port fermé par la jetée et où sont mouillés des navires.

Philippeville (27.000 habitants), cité neuve, créée à grands frais en 1838 pour servir de débouché à Constantine à laquelle la relie une voie ferrée accidentée dont le prix d'établissement a été très élevé. C'est le quatrième des ports de la colonie. Il exporte du bétail, du liège et des minerais.

Collo à l'Ouest exporte du liège et *La Calle* au contact de la Tunisie a des pêcheries de corail.

Constantine (65.000 hab.) occupe une position militaire extrêmement forte sur un vaste rocher séparé du plateau par des gorges formidables, au fond desquelles gronde le Rummel. Un isthme étroit rattache ce rocher au plateau. Les habitations européennes et les maisons bleues du quartier

Extrait de Sites et Monuments. T.C.F.

Philippeville. — La ville toute neuve aux rues en pente se coupant à angle droit regarde le port et la haute mer.

indigène sont bâties jusqu'aux bords du précipice. Trois ponts enjambent les gorges. La ville déborde sur le plateau voisin. Constantine a des industries modernes : minoteries, tanneries, fabriques de tissus de laine.

Guelma (13.000 hab.) est bâtie dans un des riants et riches bassins de la Seybouze. On y cultive les céréales, la vigne. Dans les prairies, l'on élève de beaux bœufs et l'on engraisse le bétail acheté maigre aux pasteurs des plateaux. *Souk-*

Ahras domine de vastes horizons couverts de cultures et de vignes. Sur les plateaux sont : **Sétif** (26.000 hab.) avec ses grands marchés hebdomadaires où arrivent 10.000 Indigènes; *Saint-Donnat*, *Saint-Arnaud*, *Châteaudun* sont de gros bourgs au milieu de la « mer de blé ».

Extrait de Sites et Monuments. T.C.F.

Constantine. — Les gorges du Rummel s'ouvrent largement à droite et se prolongent vers la gauche sous le pont et entre la voie ferrée et les maisons qui surplombent le précipice. Au fond, à plus de 120 m., mugit le Rummel qui va de la gauche vers la droite. Un pont suspendu récemment construit est jeté sur la gorge en aval du pont en pierre.

HAUTS PLATEAUX. — Sur les Hauts Plateaux et dans l'Atlas Saharien les centres de vie sédentaire sont clairsemés et peu importants. A l'ouest ce sont des centres d'exploitation d'alfa (*Marhoum* et *Kralfalla*) ou des postes militaires le long du chemin de fer du Sud Oranais comme le *Kreider*, *Méchéria*, avec son quartier militaire et les quatre rues de cases et de boutiques formant son quartier civil, *Aïn-Sefra*, dans l'Atlas saharien comprenant une trentaine de huttes en terre et en cailloux, des auberges et des boutiques européennes, des casernes, des magasins, un hôpital, une école, une chapelle, une poste et une gare.

Timgad. — Dans une vaste plaine silencieuse et nue qui se déroule jusqu'aux lointaines ondulations de l'Aurès se dresse le saisissant fantôme de la ville morte avec ses colonnes décapitées, ses pans de murs et son grand arc de triomphe.

Au centre, les pistes qui vont du Tell au Sahara sont jalonnées d'autres postes, comme Taguin, Chellala, Géryville, Aflou, Djelfa, Bou-Saada.

Sur les Hauts-Plateaux constantinois sont : *Kenchela*, *Batna* (8.000 hab.) dans une région arrosée par les rivières de l'Aurès, non loin des immenses et saisissantes ruines des villes romaines de *Timgad* et de *Lambèse*; *Tébessa* (10.000 hab.), au centre d'un bassin propre aux cultures de céréales et d'oliviers. Vieille ville romaine avec son arc de triomphe en ruines, Tébessa est aujourd'hui un des centres de l'exploitation des phosphates.

Oasis de Laghouat. — Des maisons en terrasse dans une forêt de palmiers.

SAHARA. — Les oasis qui bordent l'Atlas saharien sont les lieux d'échange entre les produits du désert et ceux de l'Algérie. La puissance maîtresse de ces oasis est maîtresse du commerce entre ces deux régions.

Les oasis sont très dispersées. Au sud de *Figuig*, les oueds descendus des monts des Ksour se réunissent et forment une vallée commune jalonnée par les oasis du *Gourara*, du *Tidikelt* et du *Touat*.

Sous le méridien d'Alger, *Laghouat* est au débouché de

l'oued Djedi, descendu du Djebel Amour et dont le lit parallèle à l'Atlas Saharien va finir dans la dépression des chotts.

Plus à l'ouest, verdissent les oasis des *Ziban* et de *Biskra*. La principale, celle de *Biskra* (10.000 hab.) est au débouché de l'étroite gorge d'El-Kantara. Au nord, l'Aurès se dresse « comme l'échine d'un squelette géant décharné par les pluies ». Elle est devenue, grâce à sa proximité de la Méditerranée (300 km.) et au chemin de fer qui y conduit, une station hivernale célèbre. Point de jonction des pistes du désert avec le chemin de fer, elle est aussi un entrepôt considérable.

De Biskra à la frontière tunisienne surgissent les oasis de *Ferkane* et *Négrine*, nées au point où débouchent dans le désert les oueds de l'Aurès et des monts des Némencha.

Plus au Sud dans le désert sont les oasis du *Mzab* (Ghardaïa), de l'*oued Rir* (Touggourt et Ouargla).

GÉOGRAPHIE POLITIQUE

La conquête de l'Algérie commencée en 1830 par la prise d'Alger, fut limitée d'abord aux principales villes de la côte, puis elle gagna le Tell (1834-1837), atteignit les Hauts Plateaux (1840), descendit jusqu'à ce qu'elle rejoignît les possessions françaises du Soudan. La jonction est aujourd'hui opérée.

Au point de vue administratif on distingue :

1° L'**Algérie** qui forme le **Territoire du Nord** ;

2° Le **Sahara algérien** qui forme les **Territoires du Sud**.

En réalité, les limites administratives ne correspondent pas avec les limites naturelles, les Territoires du Sud empiètent sur les Hauts Plateaux.

Algérie.

L'Algérie a eu longtemps une administration semblable à celle de la France et rattachée aux services de la métropole.

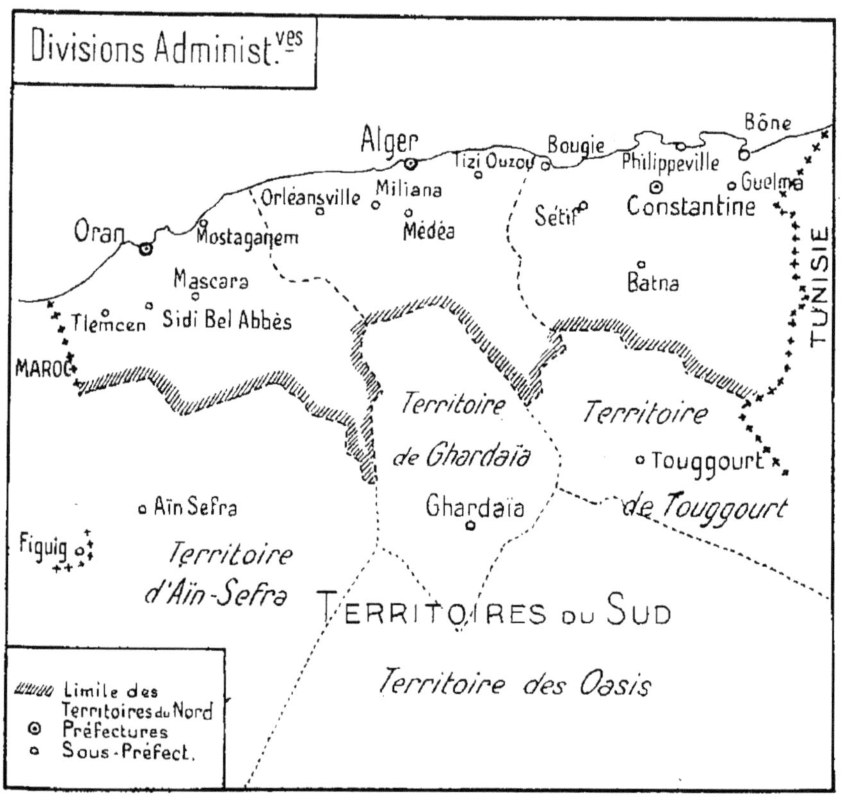

Depuis 1896, elle tend à avoir une administration spéciale appropriée à ses besoins particuliers.

A sa tête est placé un **Gouverneur général** investi d'attributions très étendues et de qui relèvent la plupart des administrations algériennes.

Départements. — Elle est divisée en *trois départements* : Oran, Alger et Constantine. Chacun est représenté au Parlement français par un sénateur et deux députés. Chacun a son conseil général qui comprend des représentants élus par les électeurs et des représentants indigènes nommés par l'administration. Les citoyens français et les Israélites indigènes naturalisés en bloc par le décret Crémieux sont seuls électeurs.

Le département est divisé en *territoire civil* et *territoire militaire*, administrés, sous l'autorité du Gouverneur général, l'un par le Préfet, l'autre par un officier supérieur.

Le territoire civil est partagé en sous-préfectures à la tête desquelles se trouve un sous-préfet. Ce sont :

Département d'Oran : Tlemcen, Sidi-bel-Abbès, Mascara, Mostaganem ;

Département d'Alger : Orléansville, Miliana, Médéa, Tizi-Ouzou ;

Département de Constantine : Bougie, Philippeville, Bône, Sétif, Guelma et Batna.

Communes. — Les communes sont de trois types :

1° Communes de *plein exercice* (celles où les colons sont nombreux), administrées, suivant la loi municipale de 1884, par un conseil municipal élu qui nomme son maire.

2° Communes *mixtes*, administrées par une commission municipale nommée par les électeurs français et présidée par un fonctionnaire appelé administrateur. Des adjoints indigènes, désignés par le Préfet, représentent les Indigènes de la commune

3° Communes *indigènes*, administrées par des Français, avec le concours de chefs indigènes.

Armée. — L'Algérie est occupée par un corps d'armée, le *19e*, dont le quartier général est à Alger. Il se compose de deux divisions d'infanterie et d'une de cavalerie. Il a des troupes spéciales : légion étrangère, tirailleurs, spahis et goumiers.

Les Français, d'origine ou naturalisés, doivent le service militaire. Les Indigènes peuvent contracter des engagements. Ils sont soumis à la conscription depuis 1912 et incorporés après tirage au sort dans une proportion assez faible.

Justice. — La justice française est rendue par des juges de paix, dont certains « à compétence étendue » ; par 16 tribunaux de première instance, 3 cours d'assises et une cour d'appel siégeant à Alger.

La loi musulmane est appliquée dans les litiges entre Indigènes ; la juridiction française est de droit quand le litige est entre Indigène et Européen.

Instruction publique. — L'instruction publique est organisée en Algérie comme en France, avec cette différence, toutefois, qu'on a créé des écoles indigènes dirigées par des maîtres spécialement préparés à ces fonctions. L'Algérie fait de grands sacrifices pour les écoles.

Finances. — La colonie a son budget autonome discuté par les *Délégations financières*. Ces Délégations financières, créées en 1898, forment une assemblée élective qui comprend trois délégations : celle des colons, celle des non-colons et celle des Indigènes (où sont représentés séparément les Kabyles et les Arabes).

Ainsi la France s'efforce d'adapter de mieux en mieux l'administration algérienne aux conditions locales et d'y faire participer dans une juste mesure les Européens et les Indigènes.

Territoires du sud.

Ces territoires sont au nombre de quatre :

Aïn-Sefra, *Ghardaïa*, *Touggourt* et *les Oasis*.

A la tête de chacun est placé un commandant militaire relevant du Gouverneur général.

Conclusion.

Ce fut en juin 1830 que le drapeau français fut planté sur Alger. En 80 ans, dont près de la moitié se sont passés en luttes contre des populations guerrières, la France a étendu sa domination et ses bienfaits sur un territoire plus vaste que le territoire national.

Elle a transformé l'Algérie, l'a sillonnée de routes, de chemins de fer, a bâti de belles villes et creusé de grands ports dont l'un vient au second rang des ports français. Elle a renouvelé l'agriculture, découvert et exploité de magnifiques richesses minières, centuplé toutes les productions.

Elle y a implanté une race de hardis colons qui sont 800.000 aujourd'hui, tous Français d'intérêts et de cœur, sinon de naissance. En même temps, elle a traité les Indigènes non en vaincus, mais en collaborateurs. Elle a amélioré leur condition matérielle et sociale et leur a donné la justice et la paix. En un demi-siècle, cette population a doublé.

La France s'est affirmée grande puissance colonisatrice, en même temps qu'elle révélait encore une fois son génie civilisateur et humain.

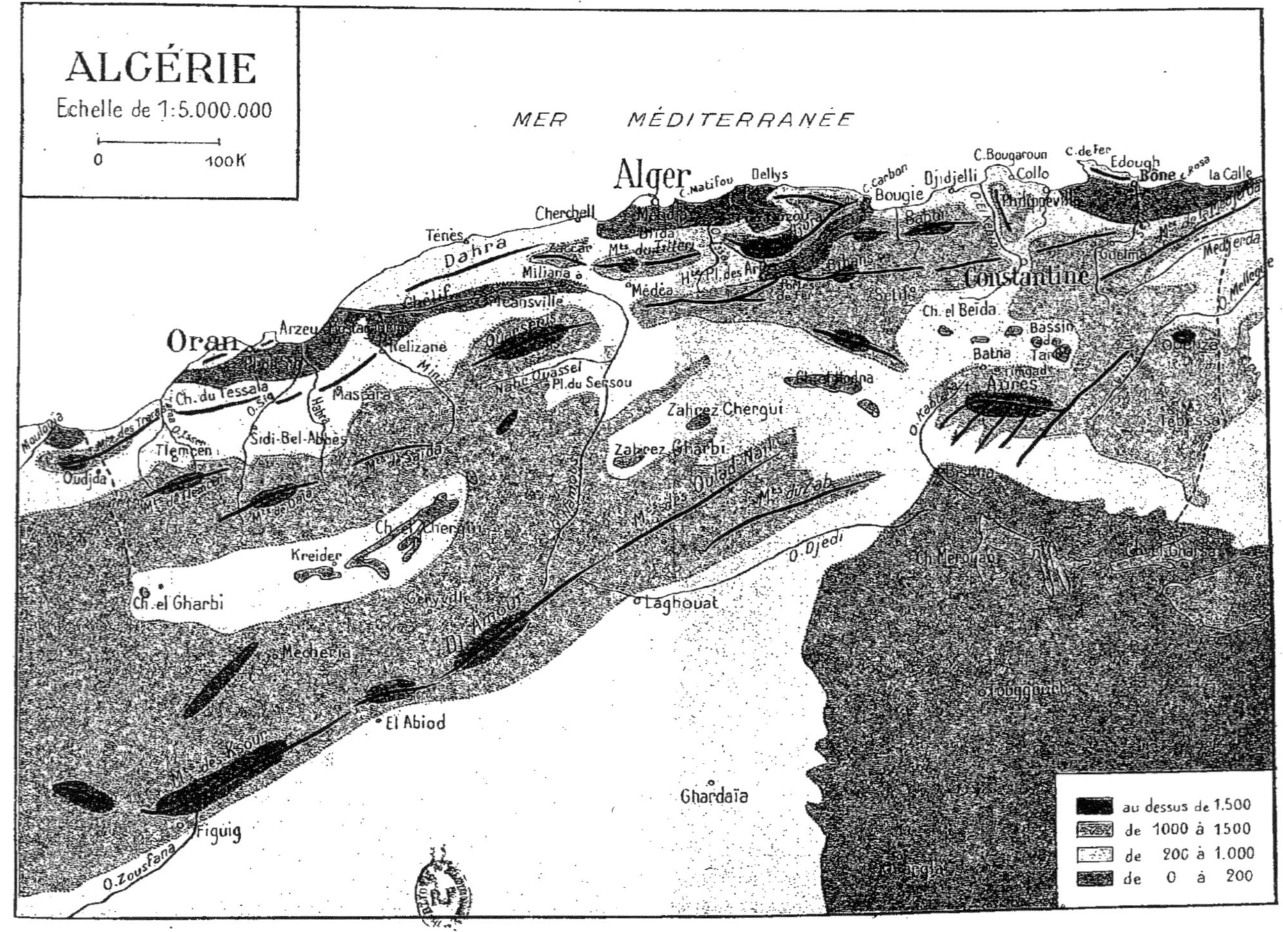
ALGÉRIE
Echelle de 1:5.000.000
0
100K
MER MÉDITERRANÉE
Alger
C. Matifou
Dellys
C. Carbon
Bougie
Djidjelli
C. Bougaroun
Collo
C. de Fer
Edough
Bône
C. Rosa
la Calle
Philippeville
Cherchell
Ténès
Dahra
Miliana
Médéa
Constantine
Sétif
Ch. el Beida
Bassin
Batna
Aurès
Tebessa
Oran
Arzeu
Relizane
Chélif
Ch. du Tessala
O. Sig
Mascara
Sidi-Bel-Abbès
Tlemcen
Oudjda
Moulouia
Pl. du Sersou
Zahrez Chergui
Zahrez Gharbi
O. Kantara
Kreider
Ch. el Gharbi
Géryville
Mecheria
Dj. Amour
Laghouat
O. Djedi
Mts du Zab
El Abiod
Mts des Ksour
Figuig
O. Zousfana
Ghardaïa
Touggourt
O. Mellegue
Medjerda
au dessus de 1.500
de 1000 à 1500
de 200 à 1.000
de 0 à 200

TUNISIE

La Tunisie est située à l'angle Nord-est de l'Afrique du Nord. Elle est bornée à l'Ouest par l'Algérie, au Nord et à l'Est par la Méditerranée ; au Sud, la frontière entre la Tunisie et la Tripolitaine part du ras Adjir pour aboutir tout près de l'oasis de Ghadamès. Au Sud-ouest vers le désert aucune limite n'est tracée.

La superficie de la Tunisie, défalcation faite de son arrière-pays saharien, est approximativement de *130.000 km* ² (le quart de la France).

Comme le Maroc et l'Algérie, la Tunisie offre des aspects variés. Elle peut se diviser en quatre régions nettement différenciées par leur aspect, leur climat, leurs productions naturelles et le genre de vie de leurs habitants.

1° Au Nord : des **montagnes** et des **plateaux** enfermant des **plaines** ;

2° A l'Est, le long de la côte, de l'embouchure de la Medjerda au golfe de Gabès, des **plaines et des sahels** ;

3° Au centre : des **steppes** ;

4° Enfin au Sud : **le désert**.

GÉOGRAPHIE PHYSIQUE

Relief.

I. NORD TUNISIEN. — Le Nord tunisien est une région accidentée qui prolonge les montagnes et les plateaux du département de Constantine et s'abaisse sur les plaines du Nord-est tunisien où elle finit. Elle est limitée au Nord le long de la Méditerranée, au Sud au-dessus des steppes par deux chaînes parallèles, les chaînes les plus élevées de la Tunisie.

1° La chaîne septentrionale part du Tell de Constantine et

Extrait de Sites et Monuments. T.C.F.

En Kroumirie. — Accidentée et humide, la Kroumirie a de très belles forêts Remarquer ici la splendeur de la végétation, la fraîcheur du site, les Kroumirs et leurs gourbis.

se dirige vers le Nord-est. Comprise d'abord entre la plaine de Bône et la haute vallée de la Medjerda, puis, à partir de Tabarca, longeant la mer, elle va finir au Nord du lac de Bizerte par les falaises du cap Blanc. Elle porte successivement les noms de monts de la *Medjerda* (1.150 m.) jusque vers la frontière, monts de *Kroumirie* (1.014 m. au djebel Byr), et monts des *Mogods* (500 m.). Son altitude va ainsi en s'abaissant à mesure qu'on s'avance vers le Nord-est.

Avec ses massifs aux formes adoucies, couverts d'une

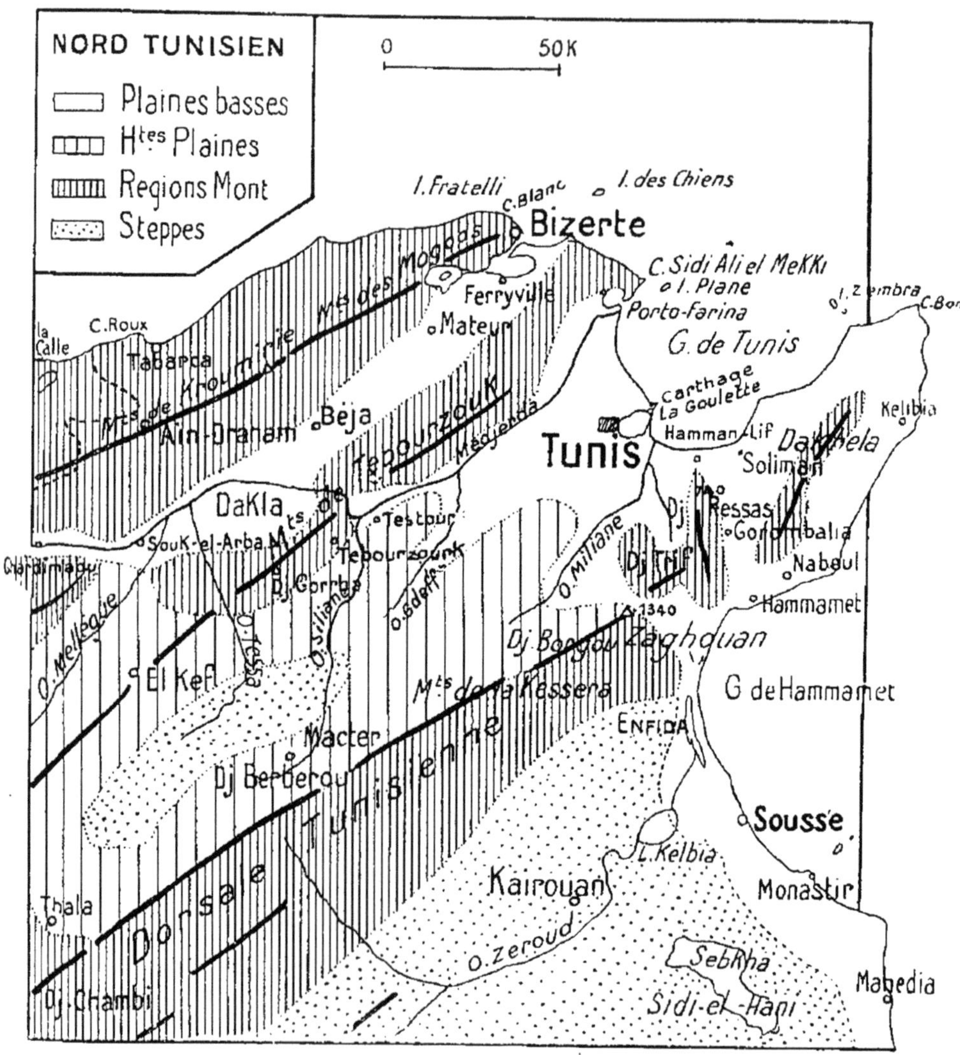

splendide végétation forestière cette chaîne rappelle assez bien les Vosges.

2° La chaîne méridionale va de l'Aurès à la presqu'île du cap

Bon. Plus élevée en moyenne que la précédente, elle s'abaisse aussi vers le Nord-est. Elle constitue l'arête centrale de la Tunisie, d'où son nom de **Dorsale tunisienne.**

Cette chaîne est formée de masses isolées posées sur un socle de hautes terres, si bien que l'ensemble a pu être comparé « à une caravane de chameaux en marche vers le cap Bon ». Les sommets sont : le *djebel Chambi* (1.590 m.), le *djebel Berberou* (1.480 m.) et le *Zaghouan* (1.298 m.) qui se dresse solitaire au-dessus de la dépression qui fait communi-

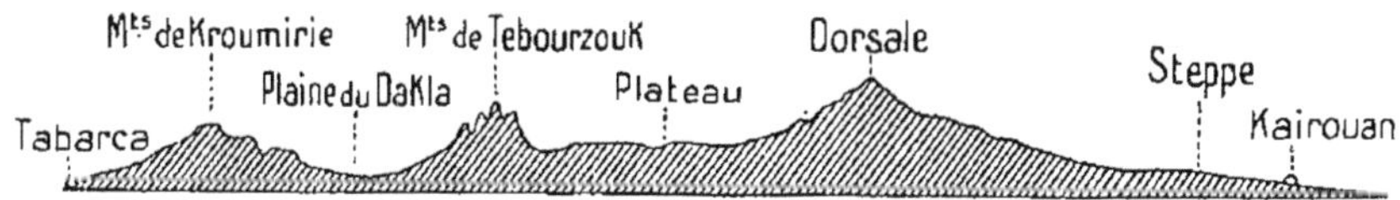

quer la plaine de l'oued Miliane avec la plaine littorale de l'Enfida.

Au delà, dans la presqu'île du cap Bon, on ne trouve plus que quelques masses montagneuses de belle allure isolées au milieu des plaines et qui forment comme sa charpente : *djebel Resas* et *djebel Hamid* (620 m.).

3° Entre les chaînes septentrionale et méridionale, le pays n'offre pas une surface unie. Il est accidenté par des lignes de hauteurs discontinues et creusé de bassins.

Vers le djebel Ouenza commence un alignement montagneux qui se dirige vers le Nord-est parallèlement aux monts de Kroumirie et aux monts des Mogods et présentant des crêtes grisâtres envahies par les broussailles. Il suit la rive droite de l'oued Mellègue, pointe à la crête du *Kef* (708 m.), au *djebel Gorrha* (1.085 m), est coupé par un étroit couloir où se glisse la Medjerda, et se prolonge sur la rive gauche du fleuve sous le nom de monts *Téboursouk* (700 à 400 m.). Il finit entre le delta de la Medjerda et le lac de Bizerte par les falaises du ras Sidi-Ali-el-Mekki.

4° Entre cet alignement montagneux et la chaîne de la Kroumirie et des Mogods s'allonge une suite de **plaines** très fertiles. Ce sont :

la plaine de *Bizerte*, en partie occupée par un marécage sans profondeur qui se déverse dans le lac de Bizerte et au milieu duquel se dresse un haut piton boisé ;

Extrait de Sites et Monuments. T.C.F.

Béja. — A gauche, la ville indigène : à droite, le quartier européen reconnaissable à ses maisons et à son clocher : au fond, la plaine de Béja aux terres noires très fertiles où prospèrent les céréales et les vignes.

la plaine de *Mateur* ;

la plaine de *Béja*, avec ses terres noires excellentes pour les céréales ;

la plaine du *Dakla*, traversée par la Medjerda et semblable par sa forme, suivant la comparaison des Indigènes, « à l'avant-train d'un chameau dont Souk-el-Kmis marquerait la bosse, tandis que le cou se tend vers Ghardimaou et que les pattes sont grossièrement dessinées par les oueds Mellègue et Tessa ». A l'Ouest, le bassin est fermé par les hauteurs que la Medjerda traverse au fond d'un défilé en amont de Testour. Cette plaine monotone est très chaude en été et encore mal assainie.

5° Entre l'arête qui limite au sud ce couloir de plaines et les crêtes de la Dorsale tunisienne s'étend un plateau rocailleux, couvert d'oliviers et de lentisques. Des mamelons à profil arrondi, des pitons rocheux (kef) ou des tables calcaires aux pentes abruptes (kalaas) dominent des bassins frais tout en cultures.

La disposition des soulèvements montagneux et des plaines en bandes parallèles dirigées vers le Nord-est rend la circulation aisée dans ce sens. Les routes et les chemins de fer comme les voies romaines suivent ces directions.

II. PLAINES ET SAHELS. — L'Est tunisien comprend :

1° les **plaines du Nord-est** qui entourent le golfe de Tunis ;

2° le long des golfes de Hammamet et de Gabès une étroite bande de collines : les **sahels**.

Plaines du Nord-est. — Les plaines du Nord-est sont encadrées entre l'extrémité des monts de Téboursouk et celle de la Dorsale tunisienne, et largement ouvertes sur le golfe de Tunis. On a pu comparer leur forme à celle d'une main dont la paume reposerait sur Tunis et dont les cinq doigts écartés représenteraient les plaines insérées dans les montagnes ou les collines qui les bordent. Ce sont : la vallée de la *Medjerda,* de Tebourba jusque vers Medjez-el-Bab ; la plaine du *Goubellat* ; celle de l'*oued Miliane* ; celle du *Mornag* ; la *plaine orientale du cap Bon* autour de Sôliman et Grombalia.

Ces plaines au sol fertile, parfois formé d'alluvions, sont couvertes de cultures et très peuplées.

Les plaines du Nord-est sont séparées des Sahels par les derniers massifs isolés de la Dorsale, entre lesquels s'ouvrent trois passages : le premier longe la base du Zaghouan ; le deuxième, celui du Mornag, n'est autre que le défilé de la Hache, de tragique mémoire, où furent cernés et massacrés les mercenaires de Carthage ; le troisième, à l'Ouest au pied du djebel Resas, est suivi par la voie ferrée de Tunis à Sousse.

Sahels. — Les Sahels sont formés d'une étroite bande littorale s'étendant sur la côte orientale depuis le cap Bon jusqu'à la Skirra, aux confins du désert, entre les étendues bleues de la Méditerranée, les derniers contreforts de la Dorsale au Nord, et au Sud les horizons fauves des steppes. Ce sont des pays de collines peu élevées aux ondulations lentes, derrière lesquelles s'amassent dans des lagunes les eaux des oueds temporaires. Fertiles, véritables forêts d'oliviers coupées de beaux jardins, ils sont très peuplés.

Les Sahels sont : au Nord, ceux de *Nabeul* et de *Hammamet* qui occupent la partie orientale de la presqu'île du cap Bon ; Puis, au delà des marécages de l'Enfida, ceux de *Sousse*, de *Sfax* et de la *Skirra*.

III. STEPPES. — La région des steppes forme un vaste triangle compris entre les Sahels, la Dorsale tunisienne et la longue chaîne du *Cherb* qui, orientée de l'Ouest à l'Est, domine les chotts el-Djérid et el-Fedjed.

Elle est accidentée par des hauteurs qui se détachent de la partie orientale de l'Aurès et s'étendent en éventail vers l'Est. Elles sont brisées et morcelées ; leur altitude va en diminant vers l'Est où elles tombent sur les plaines monotones étalées jusqu'aux collines des Sahels.

Vers le Nord, au pied de la Dorsale, elles encadrent les hauts bassins de *Fériana*, *Kasserine* et *Sbeitla*.

IV. DÉSERT. — Entre l'extrémité de la chaîne du Cherb, celle du chott el-Fedjed et Gabès s'étend une plaine côtière qui porte le nom de *seuil de Gabès.* Au Sud, c'est le désert.

Entre la plaine qui borde le golfe de Gabès et celles qui s'étendent au Sud du chott el-Djerid se dresse le plateau des

Extrait de Sites et Monuments. T.C.F.

Le lac de Bizerte. — Au premier plan, une partie de la ville et le canal donnant accès de la rade dans le lac de Bizerte dont on aperçoit les rives et qui se prolonge loin dans les terres ; des navires le sillonnent.

Matmatas orienté vers le Sud-sud-est. Son altitude (6 à 700 m.) lui vaut des pluies et une végétation qui rappelle celle de la steppe plutôt que celle du désert.

Côtes.

Côte septentrionale. — Du cap Roux au cap Sidi-Ali-el-Mekki, le littoral tunisien est en général rocheux. Jusqu'à Tabarca la côte est bordée par une étroite plaine. Puis elle devient escarpée et abrupte, et est bordée au large de quelques îlots rocheux (la Galite).

Les saillies montagneuses du *cap Blanc* et du *raz Zébid* encadrent **la rade de Bizerte**, prolongée dans les terres par un canal qui donne accès dans un beau golfe de 130 km. [2], profond de 15 m. et où peuvent mouiller les plus grands navires.

Entre le cap *Sidi-Ali-El-Mekki* et le cap *Bon*, distants l'un

Extrait de Sites et Monuments. T.C.F.

Carthage : anciens ports. – Au fond, la presqu'île montagneuse du cap Bon ; au centre, le golfe de Tunis qui s'enfonce à droite dans les terres et vers Tunis. Les petits lacs du premier plan sont les restes des ports de Carthage envasés au cours des siècles.

de l'autre de 70 km., s'ouvre le **golfe de Tunis**. La côte occidentale est basse, marécageuse, bordée de lagunes. Les alluvions de la Medjerda ont comblé le golfe qui jadis s'ouvrait entre les collines de Carthage et Porto-Farina. L'ancien port romain d'Utique est aujourd'hui à 10 km. à l'intérieur des terres.

Au Sud, au delà de la côte élevée de Carthage, subsiste la lagune de Tunis, large de 10 km. et fermée par la flèche de sable de la Goulette.

La côte orientale est bordée de plages interrompues par des sommets aigus. Au large surgit l'âpre rocher de *Zembra*.

Côte orientale. — Le cap Bon forme un des angles de l'Afrique du Nord ; des courants marins s'y heurtent et en font un endroit redouté.

Jusqu'à la frontière tripolitaine, sur une longueur de

Extrait de Sites et Monuments. T.C.F.

Houmt-Souk (île de Djerba). — Des terrasses et des coupoles blanches, des troncs grêles de palmiers, le tout posé sur une surface plate que prolonge au loin la mer bleue.

750 km., se développe la côte orientale, largement échancrée par les *golfes de Hammamet* et de *Gabès*, séparés par la large saillie que termine le *ras Kapoudia*.

Basse et sablonneuse, elle plonge lentement sous une mer très peu profonde. Avant les grands travaux exécutés à Sousse et à Sfax, les paquebots ne pouvaient s'approcher de la terre à moins de 8 km. Dans le fond du golfe de Gabès, la profondeur diminue encore. Il faut s'éloigner à 80 km. de la côte pour trouver 50 m. d'eau. Le golfe est obstrué de bas-fonds qui rendent la navigation dangereuse.

Du cap Bon au ras Kapoudia la côte est bordée de *lagunes*; peu étendues vers Nabeul, de dimensions plus grandes dans la région de l'Enfida et vers Sousse et Mahdia. Au sud de Gabès elles reparaissent particulièrement vastes ; la plus connue est celle de *Bou-Grara*.

De la mer sortent près du littoral des îles basses et plates : l'archipel aride et pelé des *Kerkenna*, à cinq lieues de Sfax, et plus au sud la grande **île de Djerba**, couverte de palmiers, élevée à peine de quelques mètres au-dessus du niveau de la mer et où, en raison du manque de profondeur, on ne peut aborder qu'en barque.

Climat.

1° **Température**. — En Tunisie, l'été est chaud et sec, l'hiver remarquable par sa douceur. Sur le littoral, la mer modère la température. A l'intérieur, où son influence ne se fait pas sentir, les écarts s'accentuent entre l'hiver et l'été, le jour et la nuit.

2° **Vents et pluies**. — Située à l'angle nord-oriental du Maghreb, la Tunisie est ouverte aux vents du Nord-ouest et du Sud-est.

Les vents du Nord-ouest dominent sur la région située au Nord de la Dorsale tunisienne. Ils arrivent très chargés d'humidité et rencontrent d'abord la barre montagneuse de la Kroumirie et des Mogods sur lesquelles ils déversent de grandes quantités de pluie (deux fois plus que n'en reçoit en moyenne la France). L'eau ruisselle sur les pentes, tombe en cascades bruyantes, irrigue des prairies. La fraîcheur de la Kroumirie et l'agrément de ses ombrages en font un lieu de villégiature pour les Européens de Tunisie.

Au Sud de ces montagnes où se sont déchargés les nuages, la quantité de pluie est moins abondante et va en diminuant.

Les hauteurs toutefois en reçoivent plus que les plateaux. Mais les oueds emmènent ces eaux bienfaisantes au fond des plaines intérieures où parfois elles forment des marécages. La Dorsale tunisienne recueille les dernières pluies amenées par les vents du Nord-ouest.

Au sud de la Dorsale dominent les vents du Sud-est. Moins

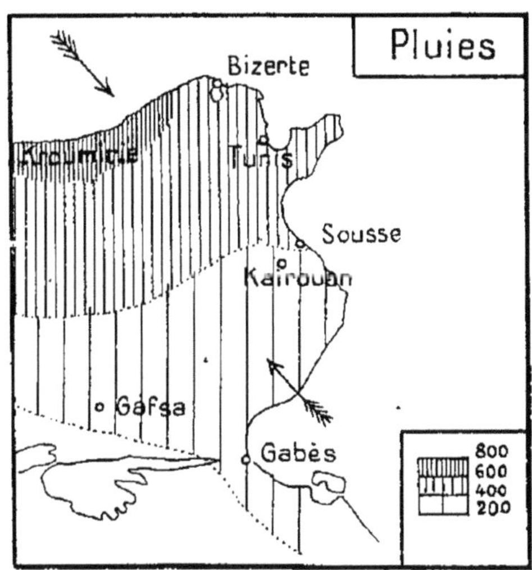

chargés d'humidité que ceux du Nord-ouest, ils passent d'abord sur la côte basse des Sahels et du désert.

Au contact des collines du Sahel de Sousse, ils se résolvent en pluie : 0m 45 seulement à Sousse, en tout cas à peu près autant qu'en Roussillon et assez pour permettre les cultures. A mesure que l'on descend vers le Sud le long de la côte, la température augmente et la hauteur des pluies diminue ; à Sfax déjà il pleut beaucoup moins : (0 m, 28) ; à Gabès les pluies sont encore plus rares : (0 m, 20).

Les Sahels franchis, les vents, moins humides, passent sur la steppe surchauffée et ne donnent que peu de pluies : 0 m, 35 à Kairouan ; 0m, 25 à Gafsa. Sur les djebels seuls on peut trouver des pluies un peu moins rares.

Hydrographie.

Sur le versant nord des monts de Kroumirie et des monts des Mogods, des rivières courtes et assez abondantes descendent à la mer soit directement, soit par l'intermédiaire du lac de Bizerte.

Extrait de Sites et Monuments. T.C.F.

La Medjerda. — La vue est prise à Medjez-el-Bab. La rivière n'est ni large, ni profonde. La vallée est limitée au fond par des hauteurs grisâtres tachetées de broussailles. Sur la berge, des Indigènes et un troupeau. Ces aspects se renouvellent tout le long de la vallée jusqu'en Algérie.

La **Medjerda** naît en Algérie dans le Tell de Constantine et pénètre en Tunisie par des gorges escarpées dominées par de hauts sommets aux pentes raides couvertes de broussailles et tachetées de rares et pauvres gourbis. La rivière mugit, bondit et écume. On dirait un paysage de montagne en France. Vers Ghardimaou, elle débouche dans le bassin plat du Dakla, le traverse en son milieu et s'en échappe par un défilé. A Testour elle entre définitivement en plaine. Elle charrie de grandes qualités de terre enlevée à ses bords et finit par un delta bourbeux, après un parcours de 365 km., dont 265 en Tunisie. C'est une rivière assez médiocre qui coule encaissée entre des berges à pic.

Des monts de Kroumirie et des Mogods qu'elle longe, elle ne peut recevoir que de courts tributaires. Sur la rive gauche au contraire lui arrivent des affluents plus développés : l'*oued Mellègue*, venu de l'Aurès, long de 250 km., l'*oued Tessa* et, vers Testour, l'*oued Siliane*, issu du djebel Berberou.

La Medjerda et ses affluents de gauche ont le caractère irrégulier des cours d'eau de l'Afrique du Nord : la Medjerda qui n'a qu'un filet d'eau en été monte de 10 m. aux époques de crues.

L'*oued Miliane* a sa source sur le flanc septentrional des monts de la Kessera ; il se jette dans le golfe de Tunis. Tout comme la Medjerda, dont il n'est qu'une réduction, il est irrégulier, charrie des alluvions et les dépose à son embouchure.

Les steppes, les sahels et le désert n'ont pas de rivières permanentes ; les oueds ne coulent que temporairement. Sur les montagnes intérieures qui sont nues, les eaux de pluies tombent en furieuses averses, ruissellent jusqu'au lit desséché de l'oued, l'emplissent subitement et le font déborder. Une nappe d'eau dévastant tout sur son passage roule alors vers l'Est. Ces crues sont si rapides et si courtes que « des voyageurs, arrêtés devant un oued à la suite d'une averse, ont vu parfois, en moins d'un quart d'heure, le fleuve passer et s'épuiser devant eux ». Les oueds finissent en arrière de la côte dans des *sebkas* à surface variable suivant la saison.

L'*oued Zéroud* est le fossé qui draine les eaux du versant méridional de la Dorsale ; il se termine dans le *lac Kelbia* qui

« tous les dix ou quinze ans s'enfle au point de s'écouler vers la mer ».

La sebka *Sidi-el-Hani*, longue de 40 km., n'a un peu d'eau en son centre que pendant les années pluvieuses.

Au Sud de la chaîne du Cherb s'étendent les chotts tunisiens, nappes de terres salines, boueuses, inondées en temps de pluie et que traversent les pistes indigènes. Ce sont : le chott *el-Fedjed*, allongé entre le djebel Cherb et le djebel Tebaga : le chott *el-Djérid* plus vaste et le chott *Gharsa*.

Richesses naturelles.

1° **Végétation.** — La Tunisie possède en Kroumirie de très belles *forêts* où dominent les *chênes-lièges* et les chênes zéens. Dans les forêts qui couvrent certaines parties de la Dorsale, vers les bassins de Thala et de Fériana, les essences les plus répandues sont le pin d'Alep et le chêne-vert.

Dans les régions bien arrosées du Nord (Kroumirie, plaines de Bizerte, de Mateur et de Béja) et dans quelques-uns des bassins des plateaux se trouvent des prairies naturelles et des pâturages.

Dans les steppes, les pluies d'hiver amènent la poussée d'une végétation courte, piquée de mille fleurs aux nuances aussi délicates que variées. C'est cet aspect de la steppe, dit-on, que les artistes indigènes essayaient de reproduire sur les tapis de Kairouan. Mais bientôt le soleil de l'été hâtif brûle la terre, la végétation herbacée meurt ; sur la steppe desséchée ne subsistent que quelques touffes de cactus, de jujubiers et d'alfa. Les pasteurs et les troupeaux qui l'animaient se retirent alors vers les montagnes plus hospitalières.

2° **Mer.** — Les côtes sont des plus poissonneuses. Les *sardines* et les *anchois* arrivent par bancs épais dans les parages de Tabarca et des îles de la Galite. Le lac de Bizerte fournissait avant la création du port militaire pour 500.000 fr. de poisson par an. La lagune de Tunis est tout aussi poissonneuse.

La côte orientale, bordée de lagunes et d'une mer peu profonde, est encore plus riche. Autour du cap Bon et vers Monastir on pêche le *thon*. Le golfe de Gabès est une « véritable mine marine ». Les *éponges* en particulier trouvent sur ses fonds sableux recouverts de 10 à 25 m. d'eau une zone très favorable à leur multiplication.

3° **Sous-sol.** — Le nord de la Tunisie recèle des richesses minières qui paraissent abondantes : du *fer* et du *cuivre* en Kroumirie, dans les montagnes des Nefzas, à Nebeur, à Djérissa et à Slata ; de nombreux gisements de *zinc* et de *plomb* entre le Kef et Bizerte, au djebel Zaghouan et au djebel Resas, près de Tunis.

Elle a surtout d'immenses gisements de **phosphates de chaux** qui vont depuis Gafsa jusqu'au Kef et s'étendent en Algérie. Ces gisements sont actuellement les plus riches du monde.

La Tunisie possède encore des *salines* le long de la côte et dans les sebkas de l'intérieur. Les *sources thermales* ne sont pas rares : les plus connues sont celles de Hammam-Lif et de Korbous.

GÉOGRAPHIE HUMAINE

La population de la Tunisie est évaluée à 1.956.000 habitants :

Indigènes	1.730.000
Israélites	50.000
Européens	176.000

Elle est très inégalement répartie entre les diverses régions. Près des 3/4 se pressent dans les sahels de la côte orientale, dans la plaine du golfe de Tunis et dans la partie montagneuse au nord de la Medjerda. La densité y atteint 40 habitants au km^2 ; les grandes villes s'y élèvent.

Les steppes et le désert sont plutôt parcourus qu'habités. Il faut une oasis ou une exploitation minière pour créer un centre sédentaire. La densité peut arriver à 4 habitants au km^2.

Indigènes. — La population indigène se compose des mêmes éléments que la population algérienne et présente une unité apparente due à la communauté de religion, de langue et de costume.

On peut toutefois distinguer quant à l'origine les Berbères et les Arabes.

Les *Berbères*, trapus, vifs, laborieux et économes, se trouvent dans les régions montagneuses, refuge des vaincus : en Kroumirie, dans les monts des Mogods, les monts de la Kessera et du Bargou, les montagnes entre Gafsa et les chotts, et enfin le plateau des Matmatas où ils habitent de curieux villages creusés dans le roc.

Les *Arabes*, grands, élancés, au nez aquilin, généralement pasteurs ou caravaniers, ont la steppe pour domaine. Les types les plus purs se rencontrent dans les oasis du Nefzaoua.

Les deux races ont subi des mélanges fréquents surtout sur le littoral et dans les villes où elles ne se distinguent plus guère l'une de l'autre. Les sédentaires, Berbères en majorité, ont des maisons en pierre, en pisé ou de simples gourbis. Les nomades vivent sous la tente.

Les *Maures*, issus de toutes les races qui se sont mêlées dans les villes, sont des citadins et se livrent au commerce.

Dans les villes et oasis du Sud vivent de nombreux *Nègres*.

Le protectorat français a sensiblement amélioré la situation matérielle et morale des Indigènes. En 1880, « sédentaires, agriculteurs ou industriels étaient pillés de toutes les façons par les Arabes nomades, par les caïds, et au besoin par les expéditions financières de l'armée du bey. Dans les villes les riches étaient la proie du gouvernement ». La France a assuré la *sécurité* des personnes et des biens, et fait régner la *justice*.

Imprévoyant par nature, l'Indigène est une proie facile pour les usuriers qui lui prêtent à des taux extraordinairement élevés au moment des semences, quand il n'a pas de grain pour semer. Des caisses de prévoyance créées par le Protectorat lui font l'avance de ces semences à prix coûtant. Elles consentent même des prêts à long terme.

Des hôpitaux et des infirmeries indigènes avec un personnel de 40 médecins ont été ouverts. Des écoles pour les musulmans ont été créées, non seulement dans les villes mais dans les villages les plus reculés. « L'enseignement par les maîtres français a tellement gagné la confiance de la population que partout on réclame des écoles et qu'à peine ouvertes elles sont remplies. » 8.000 enfants les fréquentent. L'enseignement y est orienté vers l'apprentissage d'une profession. Quelques écoles pour les petites musulmanes ont été ouvertes aussi.

Israélites. — Les *Israélites* sont concentrés dans les villes. Près de la moitié vivent à Tunis ; les autres à Sousse, Sfax et Gabès. Ils sont commerçants, banquiers, et aussi ouvriers manuels : tailleurs, orfèvres, cordonniers. Sans être citoyens ils jouissent d'une liberté complète.

Européens. — La population européenne est formée en très grande majorité d'émigrants fournis par les nations les plus rapprochées de la Tunisie : la France et l'Italie.

Les *Français* sont au nombre de 50.000 ; hauts fonctionnaires de la Régence, commerçants, industriels, chefs d'entreprises agricoles, ils occupent tous les emplois exigeant des connaissances techniques. Il n'y a pas en Tunisie comme en Algérie affluence de petits colons; et c'est là peut-être un point noir pour l'influence française.

Les *Italiens* sont presque deux fois plus nombreux

Direction de l'Agriculture. Tunis.

Centre de colonisation en Tunisie. — Une large route, la voie ferrée, des poteaux télégraphiques; des maisons de colons simples, basses, mais bien comprises. On dirait un village de France.

(109.000). Ils viennent de la Sicile et du Sud de l'Italie, chassés par la misère. Ce sont de pauvres gens illettrés et misérables, durs à la fatigue, peu exigeants pour la vie matérielle, confinés dans les situations inférieures. Ils sont pêcheurs, petits colons, ouvriers agricoles, maçons, manœuvres et, en tant que terrassiers et mineurs, « les plus grands remueurs de terre de la Régence ». Ce sont aussi les « plus grands défricheurs ». « Véritables pionniers de la civilisation ils peuvent vivre en terres sauvages, en des conditions et en des lieux où jamais le paysan français ne pourrait s'acclimater. »

Des *Maltais* (12.000), chassés eux aussi de leur île natale par la pauvreté, peuplent les banlieues des grandes villes. Ils sont surtout jardiniers et élèvent volontiers pour son lait la chèvre maltaise. D'autres s'adonnent à de petits métiers et sont épiciers ou cochers.

GÉOGRAPHIE ÉCONOMIQUE

Outillage économique.

Ce fut le 12 mai 1881 que le traité du Bardo reconnut le protectorat de la France sur la Tunisie. La situation économique il y a trente ans à l'arrivée des Français et la situation aujourd'hui, les voici :

Le sol et le sous-sol. — En 1880 le pays était en grande partie dénudé, les forêts de chênes-lièges et de pins incendiées ou ravagées par les troupeaux de l'Indigène. Des forêts d'oliviers qui jadis couvraient le pays plat, il ne restait qu'un souvenir. — Les forêts sont aujourd'hui surveillées et exploitées avec prudence ; les Indigènes et les colons reconstituent les olivettes. Les plantations parties des Sahels gagnent l'intérieur semblables à une « armée en marche ». Les quelques pieds de vigne que possédait la Tunisie ont été multipliés et occupent plus de 16.000 hectares.

Les centres habités manquaient souvent d'eau. Les Francais ont amené ou amènent partout de l'*eau* potable. Des forages artésiens entrepris dans les oasis du Sud, la régularisation des oueds par des barrages, complètent cette œuvre d'hydraulique. Le plus grand service rendu par eux au peuple tunisien c'est, au dire d'un Arabe, « d'avoir amené de l'eau où il n'y en avait pas et de la bonne eau où il en avait de la mauvaise ».

Les *richesses minières* qui font la prospérité de la Régence, notamment les phosphates, étaient inconnues. Ce fut un Français, M. Philippe Thomas, qui les découvrit et les révéla.

Routes. — En 1880, il était aussi difficile et dangereux de visiter la Tunisie que le Maroc aujourd'hui. Un Européen ne pouvait voyager sans une escorte nombreuse. « Sortir de Sfax c'était se jeter dans les mains des brigands. » Le pays avait 4 km. de routes ; ailleurs, de simples pistes. Aujourd'hui, la sécurité la plus complète est établie ; un réseau de routes long de 3.100 km. et ayant coûté 30 millions s'étend sur la Régence.

Chemins de fer. — En 1880, une petite ligne ferrée à voie étroite unissait Tunis à la Goulette ; la ligne Tunis à Alger était construite sur une longueur de 200 km.

1.838 km. de chemins de fer sont aujourd'hui livrés à la circulation. La plupart des lignes sont à voie étroite.

Considéré dans son ensemble, le réseau tunisien comprend :

1° Une *ligne Nord-Sud* longeant la partie orientale de Bizerte à Sfax, par Tunis et Sousse, avec prolongement décidé sur Gabès ;

2° Des *lignes de pénétration* vers l'intérieur partant de la côte et dirigées vers le Sud-ouest parallèlement aux chaînes de montagne :

a) De Bizerte à Nebeur par Mateur et Béja ;

b) De *Tunis à Constantine et Alger* par la vallée de la Medjerda ;

c) De Tunis à Kalaat-Djerda avec ramifications sur divers centres d'extraction ;

d) De Sousse à Aïn-Moularès ;

e) De Sfax à Redeyef, raccordée à la précédente, avec embranchement de Metlaoui à Tozeur.

Ces trois dernières ont été établies pour l'exploitation des gisements de phosphates.

Des embranchements assez nombreux partent de ces diverses lignes pour desservir les centres de quelque importance.

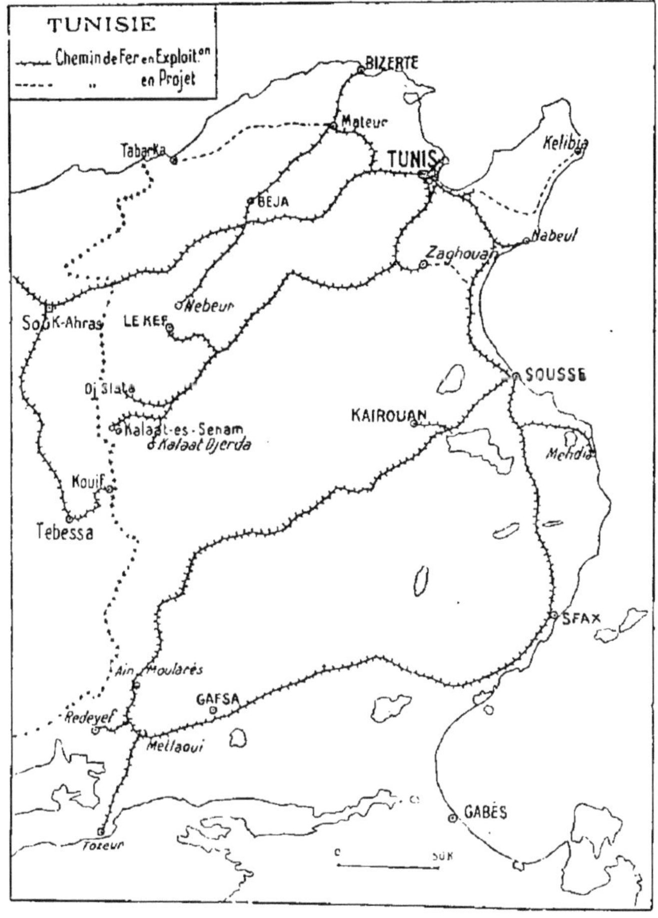

D'autres voies sont en construction ou en projet (Bizerte-Tabarca, Tunis à Tébourzouk).

Ports. — En 1880, les vapeurs ne pouvaient mouiller qu'à 3 km. au large de la Goulette et le déchargement ne se faisait que sur chalands. Les Français ont coupé l'isthme et creusé dans le lac de Tunis un canal profond par lequel les vapeurs viennent accoster aux quais mêmes de la ville.

A Sfax, où les navires ne pouvaient aborder, le port a été approfondi et doté d'un outillage moderne. Les grands paquebots chargent à quai les phosphates de Gafsa transportés par la voie ferrée. Sousse et 14 petits ports ont bénéficié de travaux d'amélioration.

La plus merveilleuse transformation a été celle de *Bizerte*. Un avant-port avec digue et jetée, un large canal entre la mer et le lac, un port militaire avec arsenal des mieux outillés doublé d'un port de commerce, telle est l'œuvre accomplie.

En 1880, trois phares seulement éclairaient les côtes. Elles le sont aujourd'hui par 10 grands phares et 50 petits feux, sans compter les bouées et les balises.

Enfin les communications postales et télégraphiques sont rapides et régulières.

Ainsi en 30 ans, la Tunisie a été pourvue par le Protectorat français d'un remarquable outillage économique.

Agriculture.

Caractères. — Comme l'Algérie, la Tunisie est restée, jusqu'aux découvertes minières de la fin du XIXe siècle, un pays exclusivement **agricole**.

Au temps de l'occupation romaine, elle avait mérité le nom de « grenier de Rome » ; elle produisait en grande abondance les céréales et les olives. Le pays alors était plus peuplé qu'aujourd'hui et de vastes espaces actuellement déserts paraissant voués à une éternelle désolation étaient cultivés, comme en témoignent les ruines de villages et de villes pourvus de beaux monuments qui parsèment la steppe solitaire. Le climat cependant n'était pas plus humide autrefois qu'aujourd'hui. Mais les Romains avaient fait d'innombrables travaux pour capter les eaux et irriguer des terres que la sécheresse vouait à la stérilité. La Tunisie peut, semble-t-il, retrouver cette prospérité romaine et décupler ses cultures et ses productions agricoles.

Direction de l'Agriculture. Tunis.

Labour à la charrue française. — Une grande exploitation agricole dans les plaines du Nord-Est ; les bâtiments entourés d'arbres, un troupeau de moutons et au premier plan une charrue française traînée par six bêtes.

L'agriculture tunisienne a les caractères de l'agriculture algérienne : conditions climatériques à peu près analogues, mêmes cultures et mêmes procédés de culture chez les Indigènes et chez les Européens ; enfin même heureuse influence de ceux-ci sur ceux-là.

Comme au temps de l'occupation romaine, elle est caractérisée par la **prépondérance des céréales** et de l'**olivier**. L'agriculture algérienne, au contraire, est caractérisée par la prépondérance des céréales et de la vigne.

Céréales. — La Tunisie produit de grandes quantités de céréales. Elles sont cultivées dans les plaines littorales du Nord-est et surtout dans les plaines de Mateur, de Béja, du Dakla et dans les hauts bassins des plateaux. Lentement les

Direction de l'Agriculture. Tunis.

Les oliviers. — Ils atteignent en Tunisie une haute taille. Les plantations sont régulières, des Indigènes font des labours, de l'élevage sous les oliviers.

cultures gagnent sur la steppe et, grâce à la pratique des labours préparatoires, entament les terres peu arrosées.

Les céréales les plus répandues sont le *blé dur*, dont l'espèce convient par excellence aux pays chauds et secs de la Méditerranée, et l'*orge* cultivée surtout par les Indigènes qui s'en nourrissent et en nourrissent leurs animaux. L'avoine introduite par les colons, le maïs, le sorgho, « blé du pauvre et des mauvaises années », n'occupent qu'une place des plus réduites.

La récolte annuelle du blé et de l'orge a une valeur moyenne de 120 millions de francs, soit le 1/5 de la récolte de l'Algérie.

Oliviers. — Les oliviers constituent avec les céréales la principale richesse agricole de la Tunisie. Ils y sont relativement plus nombreux qu'en Algérie.

A partir de 1893, colons et Indigènes, sous l'impulsion de l'administration française, se sont mis à replanter des oliviers. Le Sahel en est couvert, particulièrement aux environs de Sfax dans les terres dites « sialines » vendues par l'Etat tunisien à un prix très bas pour attirer les acheteurs. Les oliviers se sont multipliés à l'infini : les Sahels ne sont plus qu'une vaste oliveraie coupée de jardins et de villages. Les oliveraies se développent également dans le Nord de la Régence. C'est en Tunisie qu'ont été faites les études les plus complètes sur la culture de l'olivier et aussi sur la fabrication des *huiles*. Ces huiles sont consommées par les Indigènes ; elles alimentent des industries locales (huileries, savonneries) et donnent lieu à un important commerce d'exportation.

Vigne. — La *vigne* est encore ici une nouveauté française. Elle occupe de grandes surfaces dans les plaines du Nord-est, la péninsule du cap Bon et l'Enfida. Sa production est d'un million d'hectolitres.

Cultures maraîchères. — Dans les banlieues des villes, surtout de Tunis, les *cultures maraîchères* occupent des espaces qui s'étendent d'année en année. Les légumes y arrivent rapidement à maturité (artichauts, tomates, oignons, petits pois, haricots, pommes de terre). Ils ne sont pas exportés, comme le sont les primeurs d'Algérie, mais sont destinés presque totalement à la consommation locale.

Cultures arborescentes. — Les produits des arbres fruitiers (*figues*, abricots, amandes, oranges, citrons, mandarines, grenades) sont consommés sur place et ne donnent lieu qu'à des ventes insignifiantes à l'étranger. Les oasis du Djérid et de Gabès qui ont 1 million 1/2 de palmiers sont les centres principaux de production de *dattes*.

On exploite dans les forêts le *chêne-liège* et le chêne zéen. L'exploitation du chêne-liège se fait comme en Algérie. Elle

Direction de l'Agriculture. Tunis.

Démasclage du chêne-liège.

est active dans la Kroumirie où se trouvent les plus belles forêts et où le voisinage de la mer et la proximité de la voie ferrée rendent les transports aisés. Le chêne zéen fournit des traverses de chemin de fer.

Autour de Hammamet et de Nabeul sont cultivées les *plantes à parfum*, jasmin, géranium, tubéreuse pour les distilleries.

L'*alfa* est employé dans la fabrication locale d'articles

variés de sparterie. Comme en Algérie encore, son exploitation est minutieusement réglementée.

Élevage. — La Tunisie a tous les animaux domestiques

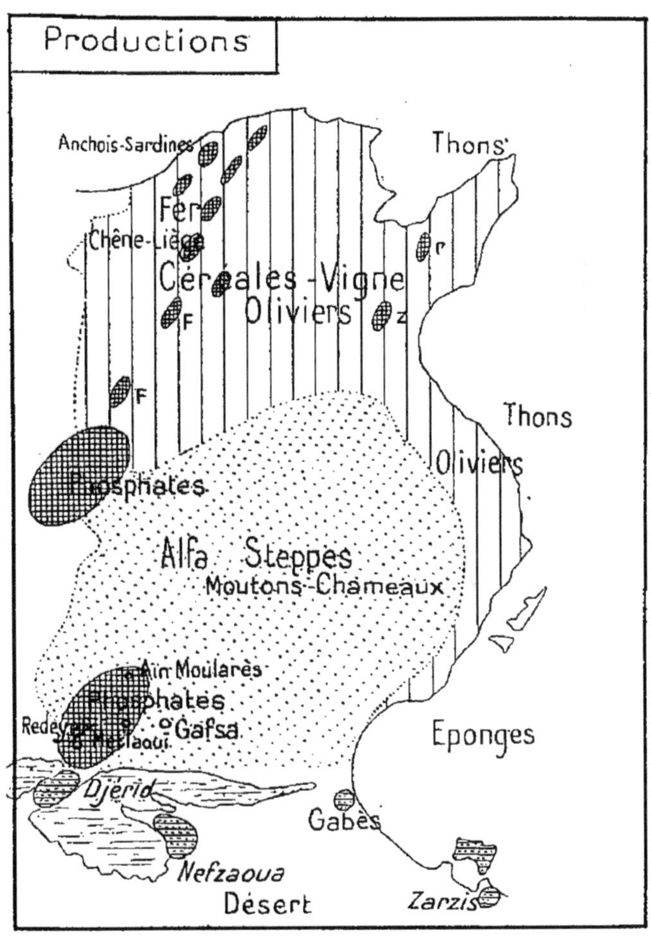

d'Europe. On y rencontre le *chameau* qui rend de grands services comme animal de bât. Elle possède 200.000 *bœufs* de petite taille élevés dans le Nord et le Nord-Est : un million de **moutons**, presque tous à grosse queue, race très estimée des Indigènes mais peu des Européens ; 400.000 *chèvres*, et de nombreux troupeaux de *porcs* nourris dans les forêts de la Kroumirie et des Mogods. La culture des plantes fourragères se développe de jour en jour pour remédier aux ravages de la sécheresse sur les terrains de parcours des troupeaux.

Extrait de Sites et Monuments. T.C.F.

Exploitation des phosphates. — La montagne escarpée est percée de galeries pour l'extraction des phosphates. Au pied se trouvent les habitations des mineurs recouvertes de terres.

Industrie.

Mines. — Depuis une vingtaine d'années la Tunisie tend à devenir un pays d'**extraction minière.** Comme en Algérie, ici encore, les industries manufacturières ne se sont pas développées faute de houille.

Les gisements de **phosphates de chaux** sont exploités dans la région de Gafsa, à Metlaoui, Redeyef et Aïn-Moularès et sur les Hauts Plateaux, au Kalaat-Djerda et au Kalaat-es-Senam.

Les phosphates extraits des galeries sont étalés au soleil sur une aire vaste et retournés à la charrue pour que le séchage soit complet. En hiver le séchage se fait dans des fours. Les morceaux trop gros sont broyés dans des concasseurs. L'exploitation est faite par des mineurs berbères et maltais sous la direction de contremaîtres et d'ingénieurs français. La valeur des phosphates extraits annuellement dépasse 32 millions. Elle était de 2 millions en 1900.

De nombreux gisements de *plomb* et de *zinc* sont exploités ou tout au moins concédés (djebel Resas, djebel Zaghouan, djebel Hallouf). La production a une valeur de 10 millions.

Onze mines de *fer* sont en exploitation en Kroumirie, dans les Nefzas et dans la région du Kef (Nebeur, djebel Slata, djebel Djérissa) et donnent pour 5 millions de minerai.

La production minière augmentera quand les chemins de fer indispensables au transport des minerais seront construits.

Industries indigènes. — Les *industries indigènes* sont en décadence et concurrencées par des industries similaires européennes (tissage de burnous, de tapis, fabrication de chéchias, teinturerie, natterie, vannerie, céramique). L'administration essaye par la création de cours professionnels de les faire revivre.

Dans le Sahel et autour de Tunis les *huileries* et les *savonneries* ont transformé et renouvelé leur installation.

Pêcheries. — Les côtes tunisiennes bordées par une mer peu profonde sont plus favorables à la grande pêche que celles de l'Algérie.

Dans les environs de Tabarca, la pêche de l'anchois et de la sardine rapporte un million pendant les bonnes années.

Sur la côte du cap Bon et du Sahel de Sousse, des pêcheurs. Siciliens pour la plupart, capturent les *thons*. La pêche est des plus fructueuses quand l'année est favorable. Ces poissons sont préparés pour la consommation immédiate ou pour la conserve.

Le golfe de Gabès, d'une richesse proverbiale, est exploité par des pêcheurs indigènes des îles Kerkenna, de la côte, et même par des Siciliens et des Grecs. On y pêche les poulpes et surtout les *éponges*. Pêcheurs au trident, scaphandriers ou simples plongeurs exploitent ces fonds et en retirent pour plus de 2 millions de francs d'éponges. Les principaux centres de pêcherie sont Sfax, Djerba et Zarzis.

Au total, 10.000 pêcheurs, dont 3 ou 4.000 étrangers, retirent des eaux tunisiennes pour 6 millions de produits.

Commerce.

Le commerce extérieur de la Tunisie est de **230 millions**. En 30 ans, depuis l'établissement du Protectorat, il a décuplé. Son accroissement est continu et régulier, preuve de la prospérité du pays.

Par la nature des importations et des exportations, il est semblable au commerce algérien.

61 °/₀ du commerce se font avec la France et l'Algérie avec lesquelles des arrangements douaniers spéciaux facilitent et encouragent les échanges. Puis viennent l'Italie (13 °/₀) et l'Angleterre (11 °/₀).

Sauf l'alfa, les phosphates et les minerais de zinc, la presque totalité des produits tunisiens est exportée en France. C'est à la France également que la Tunisie achète une bonne partie des produits manufacturés nécessaires à sa consommation.

Exportations. — La Tunisie exporte les **produits de son agriculture** et ceux de ses **mines**.

Elle vend des *céréales* pour 25 millions en moyenne. L'orge recherchée par les brasseries, entre à elle seule pour plus de moitié dans ces ventes. De la vente de ses *huiles*, la Tunisie retire en moyenne 16 millions, soit plus que l'Algérie entière. Par contre, elle exporte 30 fois moins de *vins* que l'Algérie (6 millions de francs au lieu de 190). Elle expédie encore : de l'*alfa*, du *liège*, du *crin végétal*, des *animaux vivants*

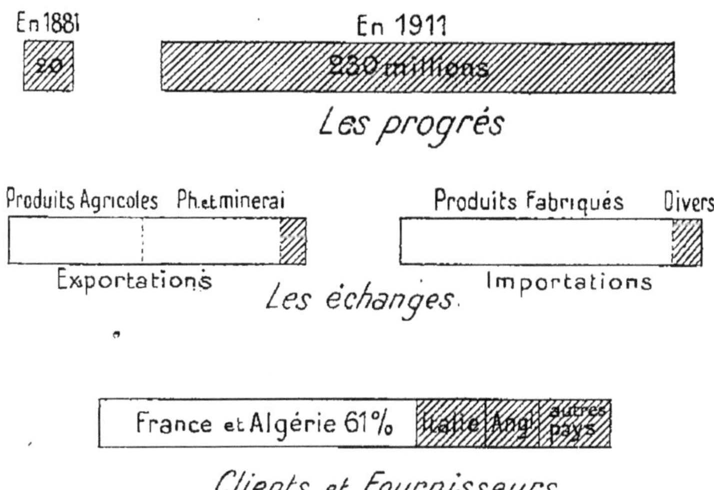

(bœufs et moutons), des produits animaux bruts, laines et peaux, des poissons frais ou en conserve et surtout des *éponges*.

Des **phosphates** dont elle est si abondamment pourvue et que les chemins de fer, toujours encombrés, transportent inlassablement vers la côte, la Tunisie retire 33 millions (3 fois plus que l'Algérie) et l'exportation croît d'année en année. Après les Etats-Unis, la Tunisie est le plus grand producteur et le plus grand exportateur de phosphates du monde entier. L'expédition s'opère non seulement à destination de l'Europe, mais des Etats-Unis et même du Japon. La Tunisie vend encore des *minerais de fer*, de *plomb* et de *zinc* pour une dizaine de millions, et quelques produits de son industrie indigène.

Importations. — La Tunisie importe des produits *nécessaires* à l'**alimentation** (sucre, café, chocolat, vins fins et liqueurs, semoules), des **produits manufacturés**, tissus de coton en première ligne (l'Angleterre en est le principal fournisseur), tissus de laine, de soie, vêtements confectionnés, lingerie, dentelles, chaussures, bijouterie, horlogerie, en un mot tous les objets nécessaires aux soins du corps.

Elle achète encore des *machines* pour son agriculture et son industrie extractive (locomotives, wagons, rails, automobiles, instruments aratoires, quincaillerie, objets divers en fer, en acier, en fonte) ; des produits chimiques (acides, sulfate de cuivre).

Centres économiques.

Les agglomérations tunisiennes importantes sont toutes sur la côte ; à l'intérieur ne se trouvent que des marchés agricoles, des centres de colonisation, ou des centres miniers de quelques milliers d'habitants.

Les villes tunisiennes sont doubles : d'abord la vieille *ville arabe*, dans son enceinte, avec ses maisons blanches, ses terrasses, les dômes et les minarets de ses mosquées, et le dédale de ses ruelles silencieuses et de ses souks bariolés. A côté, la *ville européenne* aux larges boulevards tirés au cordeau, bordés de belles maisons et d'édifices publics. Ces deux villes accolées symbolisent la juxtaposition de la civilisation musulmane et de la civilisation européenne.

Nord et Nord-est. — Au contact de la région du Nord et des Sahels, se trouve **Tunis**.

La ville est bâtie sur de petites collines, en arrière du lac de Tunis, à mi-chemin entre ce lac et la sebkha Seldjoumi.

Elle se compose de quatre parties : trois forment la ville arabe enserrée dans des murailles ; la quatrième, comprise entre la ville arabe et le port, est la ville européenne, avec son port, sa gare, ses splendides avenues, ses jardins publics,

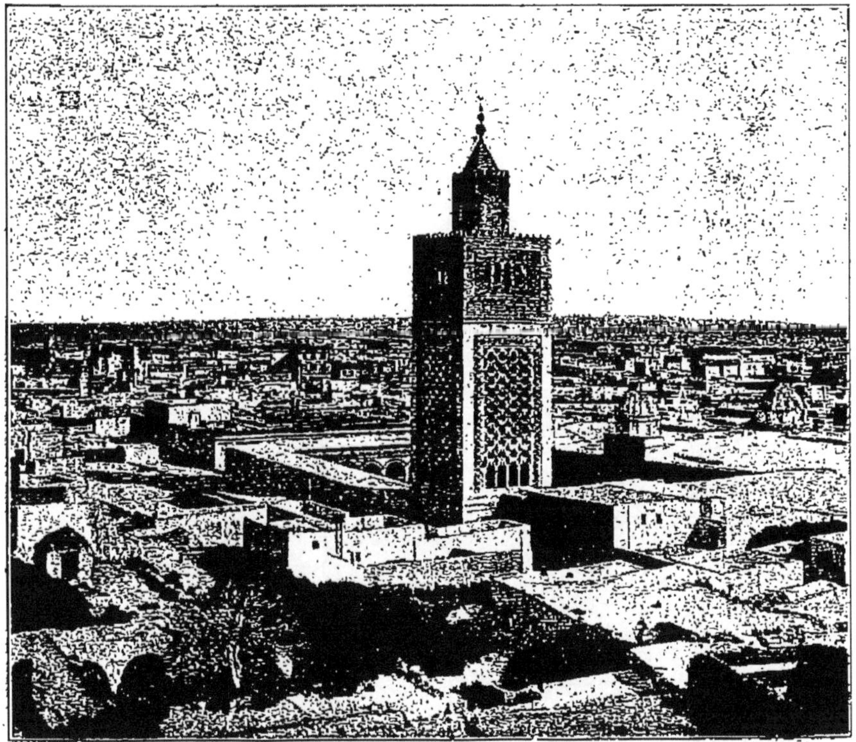

Extrait de Sites et Monuments. T.C.F.

Tunis. — L'élégant minaret de la Grande Mosquée se dresse au milieu d'une immense tache de terrasses irréellement blanches sous le grand soleil. A l'horizon, le lac de Tunis et la mer bleue. On aperçoit les berges du canal qui conduit au port.

ses écoles, ses hôtels, ses banques, ses magasins, sa cathédrale et le palais de la Résidence générale.

La ville s'étend de jour en jour. De hautes et belles maisons s'élèvent dans les quartiers vagues tout à côté des baraques des émigrants siciliens.

Avec ses 227.000 habitants, Tunis est la plus grande ville d'Afrique après Le Caire. Les Indigènes y dominent : 150.000,

Extrait de Sites et Monuments. T. C. F.

La Porte de France à Tunis. — Elle donne accès de la ville arabe dans la ville européenne dont on aperçoit une magnifique avenue (avenue de France) sur laquelle sont bâtis le Palais de la Résidence. la cathédrale, le théâtre et de superbes maisons européennes.

en face d'une forte colonie de 27.000 Israélites et de 50.000 Européens.

Une foule bigarrée se presse dans ses rues : Français,

Italiens des classes pauvres, Indigènes en burnous ou en fez, Israélites grasses aux grands yeux noirs, en costume blanc.

Centre intellectuel célèbre dans le monde de l'Islam, Tunis a son université indigène, « la mosquée de l'Olivier ». *Capitale* de la Régence, elle possède la direction des services publics

Extrait de Sites et Monuments. T. C. F.

Un souk à Tunis. — Une rue couverte en planches dans laquelle se trouvent d'innombrables petites boutiques séparées par des colonnes peintes. Déserts le vendredi, jour de repos des musulmans, et le samedi, jour de repos des Israélites, les souks sont extrêmement animés les autres jours de la semaine.

et les grandes écoles pour Européens et Indigènes. Le Bey réside à proximité, à la Marsa.

Tunis est aussi un *centre de commerce* important, le premier port de la Tunisie. Ses bassins et le chenal creusé à travers son lac sont devenus insuffisants. Elle exporte, avec les produits agricoles de la moitié septentrionale de la Tunisie, les phosphates et les minerais que lui amènent les voies ferrées descendues des plateaux intérieurs.

Autour de Tunis sont : *la Goulette* à l'entrée du chenal, *le*

Bardo avec ses palais beylicaux transformés en musées, et sur la côte les ruines de Carthage ; puis à 15 km. à l'est, sur les bords du golfe, la station balnéaire d'*Hammam-Lif*.

Sur la côte septentrionale se trouvent : *Tabarca*, petit port de la Kroumirie abrité par un îlot escarpé, centre de pêcheries, et **Bizerte** (18.000 habitants). Autrefois « petit port de pêcheurs, de caboteurs sur de frêles balancelles, la voici qui devient grand port de guerre ». La France a dépensé quarante millions pour en faire un Toulon africain. Le chenal a été comblé et remplacé par un large canal conduisant dans le lac ; des casernes ont été édifiées ; de puissants forts modernes battent le front de mer. Au fond du lac, à 14 km., a été créé le magnifique arsenal de *Sidi-Abdallah*, à proximité de *Ferryville*. L'achèvement des voies ferrées qui doivent amener à Bizerte les minerais de Nebeur et des Nefzas peut faire de la ville un centre industriel.

Dans l'intérieur sont : *Aïn-Draham* adossée au djebel Byr, dans un site frais et boisé, à 800 m. d'altitude, principal marché de la Kroumirie et station estivale pour les Européens de Tunisie ; *Mateur* et *Béja* (5.000 habitants), centres agricoles au milieu des vignes, des céréales et des orangers ; *Ghardimaou*, *Souk-el-Arba*, petite ville de 2.000 habitants, d'aspect européen, dans la plaine de Dakla ; *Téboursouk* (7.000 habitants), centre agricole animé, à quelques kilomètres des splendides ruines romaines de Douga, les plus belles de la Tunisie et peut-être de l'Afrique du Nord.

Sur les plateaux on rencontre *El Kef* (6.000 habitants), à 800 m. d'altitude sur un piton rocheux, dans une région d'oliviers, de céréales et de mines ; *Mactar* ; *Thala*, dans les hauts bassins des plateaux.

Côte orientale. — Sur la côte orientale au sud du cap Bon s'élèvent : le petit port de pêcheurs de *Kélibia*, puis au milieu des orangers, des figuiers, des oliviers et des vignes, *Nabeul* (7.000 habitants), qui fabrique des poteries et distille les fleurs d'orangers, et *Hammamet* (7.000 habitants).

Plus au sud se trouve **Sousse** (22.000 habitants). La ville indigène dominée par la masse de la kasba, est bâtie sur les pentes d'une colline et entourée de murailles blanches crénelées.

Extr. de Sites et Monuments. T. C. F.

Sousse : le port. — En arrière, les quais et les remparts crénelés qui enferment la ville indigène.

lées. Au bord de la mer s'élève, régulière, la ville européenne. Le port a été créé de toutes pièces. Il expédie les céréales, les huiles et les phosphates d'Aïn-Moularès. La ville a des huileries et des savonneries modernes.

Puis viennent : *Monastir* (6.000 habitants), petit port.

Mahdia (8.000 habitants), port de pêche prospère bâti sur un promontoire allongé.

Sfax (50.000 habitants) est au centre d'une riche région plantée d'oliviers, sur une mer féconde en poissons et en éponges, au terminus du chemin de fer de Gafsa. La ville arabe est entourée de murs crénelés. Entre elle et la mer, sur un espace conquis sur les bas-fonds et les rochers, la ville française s'est construite. Son port a été approfondi et pourvu d'un outillage moderne. Les paquebots viennent charger les phosphates à quai. Si ce port est le second de la Régence, il le doit à cette matière lourde. Des industries dérivées des

Extrait de Sites et Monuments. T. C. F.

Sfax : une rue. — Mélange des deux civilisations. Au fond, les remparts et une porte de la ville surmontée d'une horloge et appelée Porte du Divan.

huiles, parfumeries, savonneries, se sont créées. La population européenne (8.000 habitants) a doublé dans ces dernières années.

Steppes. — **Kairouan** (23.000 habitants), rendez-vous des pasteurs et des caravaniers, est à la fois une ville sainte aux innombrables mosquées et une ville d'échanges entre les produits de la steppe, ceux du Sahel et des plaines du Nord-est.

Gafsa (6.000 habitants) cache au centre d'une oasis de 200.000 palmiers et de 75.000 oliviers, ses maisons blanches et sa kasba. Vers l'Ouest s'étend une plaine déserte et aride que ferment à l'horizon les montagnes où sont les gisements de phosphates. A 44 km. se trouvent les exploitations de *Metlaoui*. La bourgade comprend : la gare, la poste, une auberge, quelques gourbis et plus loin les bâtiments de l'exploitation.

Extrait de Sites et Monuments. T. C. F.

Kairouan. — Aspect caractéristique des villes indigènes avec leurs terrasses blanches. Ici, les minarets et les coupoles des édifices religieux sont nombreux. Au centre, la rue Saussier avec les boutiques.

Oasis. — Dans le désert les oasis principales sont : l'île de *Djerba*, oasis insulaire, peuplée de 30.000 habitants, et dont la ville principale est *Djerba* (*Houmt-Souk*) ;

Zarzis « la petite émeraude » ;

Gabès qui compte 15.000 habitants et fait le commerce avec la Tripolitaine, Malte et la Sicile ;

Nefta et *Tozeur* dans le *Djérid.* Sise au bord de l'immense plaine d'efflorescences salines du chott, l'oasis de Tozeur est riche en cultures variées et surtout en dattes.

Enfin au Sud des chotts sont les oasis du *Nefzaoua*, plus petites, menacées par l'invasion des sables.

GÉOGRAPHIE POLITIQUE

Ce fut en 1881 que la France dut intervenir à main armée en Tunisie : d'abord pour mettre fin aux incursions des pillards kroumirs en Algérie, et ensuite pour réprimer un soulèvement dans le Centre et le Sud tunisiens.

Le traité du Bardo (12 mai 1881), complété par celui de la Marsa (8 juin 1883), mit la Tunisie sous le **protectorat de la France**.

La Tunisie est placée sous la domination française. Elle n'a directement aucune relation diplomatique avec les puissances étrangères. Ces relations se font toutes par l'intermédiaire de la France. En outre, la nation protectrice entretient dans le pays un *corps d'occupation* formé d'une division de troupes françaises. Ainsi s'affirme la dépendance de la Tunisie vis-à-vis de la France.

Mais si la France a supprimé l'indépendance de la Tunisie, elle a conservé son administration indigène. Elle s'est bornée à la faire diriger et contrôler par des fonctionnaires français.

Administration. — La Tunisie est restée un royaume dont le **Bey** est possesseur et de par sa naissance et de par l'investiture qu'à son avènement il reçoit du Gouvernement français. Il légifère pour tous ses sujets d'après le Coran, loi suprême des musulmans.

A côté de lui est placé un haut fonctionnaire, le **Résident**

général, représentant la République française, et à l'avis duquel il doit se conformer pour toutes les mesures qu'il prend, même pour celles intéressant exclusivement les Indigènes.

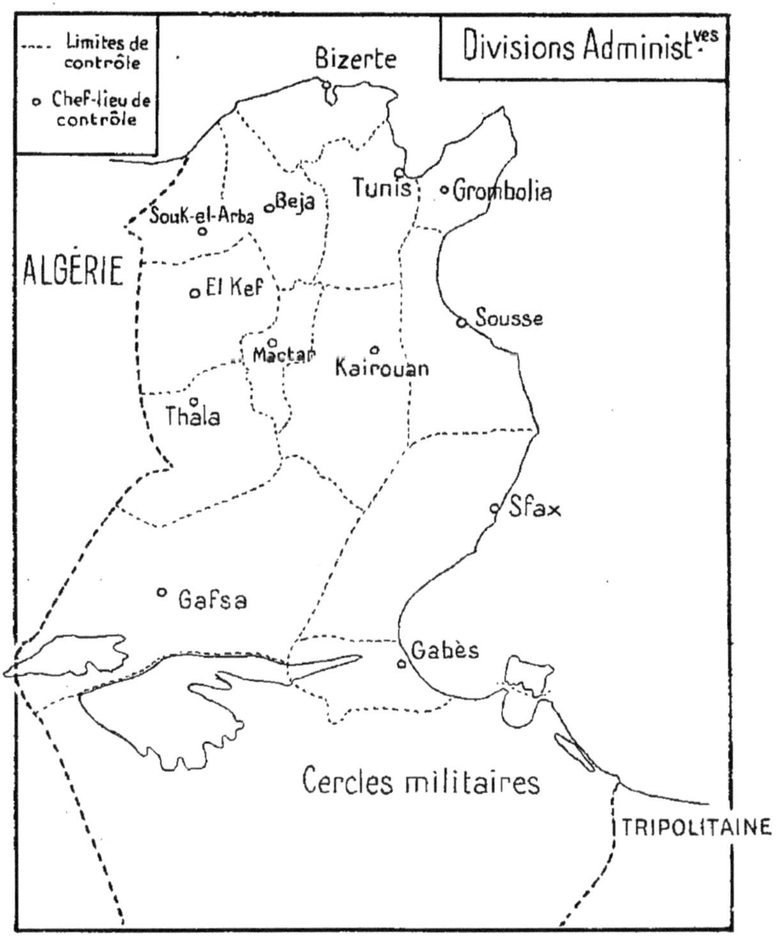

L'administration centrale est confiée à deux ministres musulmans choisis par le Bey et à cinq fonctionnaires français, *chefs des grands services* (finances, agriculture, travaux publics, commerce et colonisation, postes et télégraphes).

Les provinces sont administrées par des gouverneurs indigènes appelés *caïds*. Leurs attributions sont multiples. Ils réunissent en leur personne les attributions dévolues en France à un préfet, à un percepteur et à un juge de paix.

Extrait de Sites et Monuments. T. C. F.

Amphithéâtre d'El-Djem. — Cet imposant monument romain est un peu plus grand que les Arènes de Nimes avec lesquelles il a la plus grande ressemblance. Le grand axe mesure 148 m. ; la hauteur est de 30 m. A l'intérieur, une arène entourée de gradins en amphithéâtre. Il se trouve entre Sousse et Sfax.

Leur administration est surveillée par un fonctionnaire français, le *contrôleur civil*.

Justice. — La justice est rendue aux Indigènes par des tribunaux et des juges indigènes, suivant les formes traditionnelles. Les Européens sont justiciables au civil et au criminel des tribunaux français organisés comme ceux de la métropole (justice de paix, tribunaux de 1re instance à Tunis et à Sousse, Cour d'appel à Alger).

Les tribunaux français ont aussi à connaître des litiges entre Européens et Indigènes, sauf exception en ce qui concerne les affaires immobilières.

Conférence consultative. — Français et Indigènes participent à l'administration de la Tunisie par l'intermédiaire de la *Conférence consultative*.

Cette assemblée comprend 16 Indigènes, nommés par le Résident général, et 36 Français, élus par leurs compatriotes. Indigènes et Européens délibèrent séparément. La conférence est consultée sur toutes les questions intéressant le budget tunisien et, par voie de conséquence, sur toutes celles qui touchent aux impôts, aux travaux publics, à l'agriculture, en un mot à la vie économique de la Tunisie.

En 30 années, sous l'impulsion française, une Tunisie nouvelle est née, s'est développée dans la paix, sans heurt et sans lutte, et est très rapidement arrivée à une belle prospérité.

Cette œuvre, semblable à celle qui a été accomplie en Algérie, fait elle aussi le plus grand honneur au génie de la France.

CONCLUSION

Je ne connais rien de plus réconfortant pour une âme française qu'un voyage dans l'Afrique du Nord.

On s'embarque à Marseille sur l'un des grands et luxueux paquebots qui font le service entre la France, l'Algérie et la Tunisie. Lentement le navire sort des bassins puis file vers le Sud. Au Nord, peu à peu disparaissent les côtes arides, rocheuses et brûlées de la Provence. Nous voici bientôt en pleine mer. Nulle sensation d'isolement. La Méditerranée est vivante et fréquentée. Toujours quelque menue silhouette de navire se profile à l'horizon. Vers le milieu de la traversée, qui ne dure guère plus de vingt-quatre heures, la terre apparaît: la montagneuse Sardaigne si l'on fait route vers Tunis, les côtes sauvages des Baléares si l'on se dirige vers Alger ou Oran.

L'arrivée est un émerveillement. Dans la rade et dans le port les navires évoluent, les sirènes beuglent. La ville, éblouissante de blancheur, élève en amphithéâtre son entassement de maisons cubiques, ses dômes et ses minarets. Avec ses rues et ses boulevards bordés de grands magasins, ses places qu'ombragent les palmiers, ses jardins fleuris, ses tramways et son animation, elle rappelle les plus belles villes de France. Elle a en plus le grand soleil, le ciel bleu de l'Afrique et le bariolage de sa population.

Si de la côte on pénètre dans l'intérieur, si l'on parcourt même à vive allure ce pays, cette impression d'émerveillement devient plus vive : des plaines et des collines admirablement cultivées, des bourgs, des villages coquets, accueillants, qui respirent l'aisance; des paysages de France aussi beaux et peut-être plus beaux que la France elle-même. Partout la prospérité indigène est unie à la prospérité française.

Dès qu'on a pris pied sur cette terre, naît un sentiment qui ne fait que grandir dans l'âme étonnée. On est fier d'appartenir à la nation qui l'a conquise et qui, en un demi-siècle ou même en un quart de siècle, l'a si magnifiquement transformée. Après le retour en France, persiste avec la nostalgie de l'Afrique du Nord, cette vive et saine fierté nationale.

Complétée par le Maroc, la France africaine va désormais du golfe de Gabès aux plages de l'Atlantique. Bientôt le Maghreb entier connaîtra les bienfaits de notre occupation. Ainsi s'achèvera la grande œuvre de civilisation entreprise par la France dans l'Afrique du Nord.

« Comment tout cœur français pourrait-il songer sans émotion à cette matinée de juin 1830 où, pour la première fois, les troupes françaises débarquaient à la pointe de Sidi-Ferruch pour planter le drapeau national sur la casbah d'Alger? Puis l'œuvre que la Restauration avait entreprise là-bas, le gouvernement de Juillet la continue avec les Bugeaud, les Lamoricière, les d'Aumale, et le Second Empire avec les Pélissier et les Randon.

Enfin c'est la troisième République, grâce à Jules Ferry, qui nous donna la Tunisie et Bizerte, et voici qu'elle couronne l'édifice en reconstruisant pour l'humanité l'œuvre qu'au cours des siècles passés avait fondée la puissance romaine. » (P. Deschanel.)

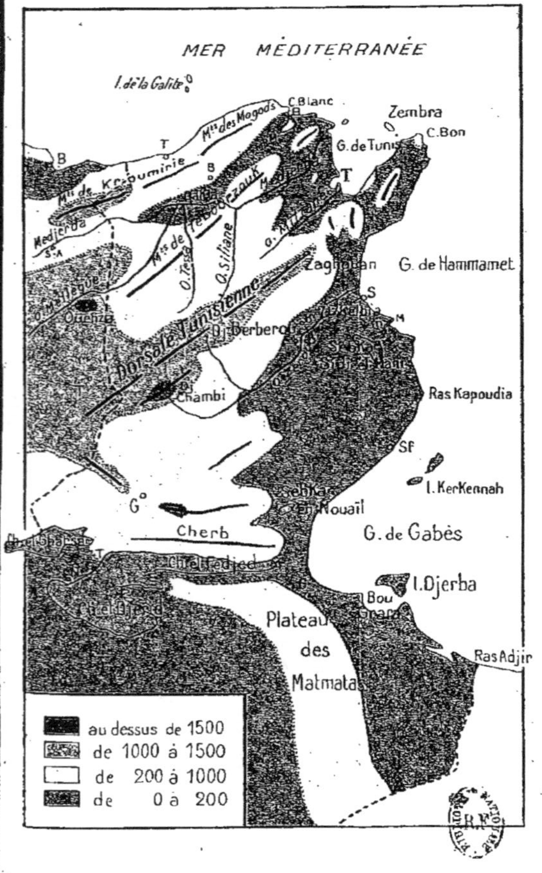
MER MÉDITERRANÉE
I. de la Galite
C.Blanc
Zembra
C.Bon
G. de Tunis
Mts des Mogods
Kroumirie
Medjerda
Mts de Teboursouk
O. Tessa
O. Siliane
Zaghouan
G. de Hammamet
Dorsale Tunisienne
Dj. Berberou
Chambi
Ras Kapoudia
Sf
I. Kerkennah
G. de Gabès
Cherb
I. Djerba
Bou Grara
Plateau des Matmata
Ras Adjir
au dessus de 1500
de 1000 à 1500
de 200 à 1000
de 0 à 200

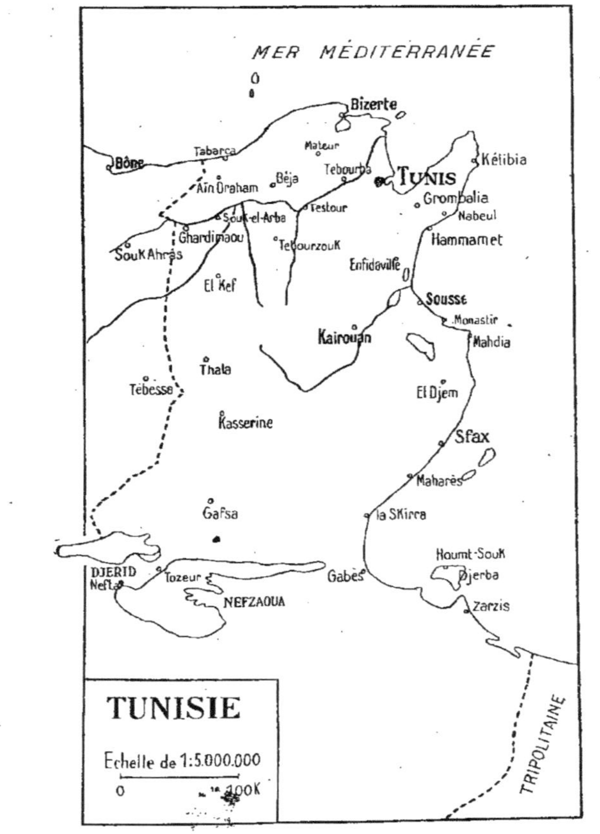
MER MÉDITERRANÉE
Bizerte
Bône
Tabarca
Mateur
Tebourba
TUNIS
Kélibia
Béja
Aïn Draham
Grombalia
Nabeul
Testour
Souk-el-Arba
Ghardimaou
Tebourzouk
Hammamet
Souk Ahras
El Kef
Enfidaville
Sousse
Monastir
Mahdia
Kairouan
Thala
Tebessa
El Djem
Kasserine
Sfax
Maharès
la Skirra
Gafsa
Houmt-Souk
Djerba
DJERID
Nefta
Tozeur
Gabès
NEFZAOUA
Zarzis
TRIPOLITAINE
TUNISIE
Echelle de 1:5.000.000
0
100K

TABLE DES MATIÈRES

TABLE DES CARTES, CARTONS ET GRAVURES

Les titres des cartes et cartons sont en italique.

TUNISIE.

MACON, PROTAT FRÈRES, IMPRIMEURS.

www.ingramcontent.com/pod-product-compliance
Ingram Content Group UK Ltd.
Pitfield, Milton Keynes, MK11 3LW, UK
UKHW021042200726
13857UKWH00003B/779

9 782012 886612